발전기 현장실무 마스터하기!

도서출판
전기박사드림

발전기 현장실무
유지보수 교본

[디젤엔진]

저자 | **최장수** 대표   공저자 | 전기박사 **땡추**

■ 머리말

안녕하세요, 발동발전기 현장 유지보수 분야에서 40여년간의 경험을 쌓아온 최창수입니다. 오랜 시간 동안 현장에서 직접 발로뛰며 배운 지식과 노하우를 여러분과 공유하고자 이 책을 집필하게 되었습니다.   발동발전기는 우리 삶에 없어서는 안 될 중요한 에너지원입니다. 특히 비상 상황에서는 이 발전기들이 없으면 큰 혼란이 발생할 수 있죠. 그럼에도 불구하고, 이 중요한 기기들을 유지 보수하는 일에 대한 정보는 생각보다 많지 않습니다. 이 책을 통해, 저는 발동발전기 유지보수의 기초부터 고급 기술까지, 현장에서 직접 사용할 수 있는 실용적인 지식을 전달하고자 합니다.   40여년이라는 시간 동안 저는 다양한 상황과 문제에 직면했습니다. 이 책에는 그런 경험들을 바탕으로 한 해결책과 노하우를 설명하였습니다. 또한, 실제 현장에서 발생할 수 있는 다양한 상황을 예시로 들어 설명함으로써, 이론과 실무를 영상설명으로 보여드리고자 합니다. 이 책은 단순히 기술적인 내용만을 다루는 것이 아닙니다. 현장에서의 안전 관리, 효율적인 작업 방법, 그리고 유지보수 작업을 통해 발전기의 수명을 연장하는 방법 등, 발동발전기 유지보수에 필요한 모든 것을 다루고자 합니다. 저는 이 책이 발동발전기 유지보수를 담당하는 모든 분들에게 실질적인 도움이 되기를 바랍니다. 마지막으로, 이 책을 통해 여러분이 발동발전기 유지보수의 전문가로 성장하는 데 조금이나마 도움이 되길 바랍니다. 현장에서 마주칠 수 있는 다양한 도전을 극복하고, 더 나은 유지보수 기술을 개발하는데 이 책이 좋은 길잡이가 되었으면 합니다. 여러분의 성장과 성공을 진심으로 응원합니다.
감사합니다.

저자: 최창수

저자 소개

최 창 수 대표

이 력
대흥기계공업(주) A/S부 재직
  - 대외 교육 담당관
  - 해외파병 상록수사단 운용 및 정비요원 전문화과정 위탁교육
  - 군(육,해,공) 발전기 운용 및 정비요원 기술교육
  - 농진청 발전기 운용요원 교육
  - KT 전력요원 발전기 운용요원 교육 (입소 및 출강)
대흥기전 설립
KT 원격제어 (사업명: Elite) 발전기 부문 시범사업
(고양광역국 관내 11국) 설계 및 시공
KT 원격제어 (사업명: Elite) 발전기 부문 시공업체
KT 외 주용 관공서 Y2K 긴급복구 업체 지정
KTF 긴급복구 업체 지정
KT 전북망 전력요원 운용 및 유지보수 강의
한국공항공사 발전기 운용요원 전문화과정 강의
해외파병 자이툰사단 발전기 운용 및
정비요원 전문화과정 위탁교육
네이버 전기박사 발전기 기술자문 업체
KT 전력요원 실무자 과정 강의
KT 발전기 유지보수 협력사

전기박사 땡 추 김종선 기술사

이 력
現 네이버 포털 전기박사 대표
現 NGO단체 전사연 위원
1992년 KT 공채 입사
KT SOHO 전문가 과정수료
KT 22.9 Power System 사내강사
KT IT Supporters IT 전문강사
한국전기기술인협회 대의원
한국전기기술인협회 규정위원회 의원
한국전기기술인협회 교육 강사

디젤엔진 발전기

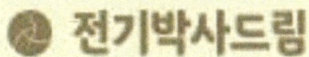

목 차

1장. 발전기 개요 ------------------------------ 5

2장. 디젤엔진 ------------------------------- 13

3장. 전(자)기식 가버너 동작 원리 ------------- 17

4장. 운전 ---------------------------------- 27

5장. 운용자 관리 ---------------------------- 33

6장. 유지보수 ------------------------------ 40

7장. 고장사례 ------------------------------ 52

8장. 종합적인 고장원인 및 조치 -------------- 93

9장. 계절별 및 일상점검 -------------------- 147

1장. 발전기 개요

1. 1 동기발전기의 원리

단상 또는 3상 교류 기전력을 발생시키는 발전기를 교류 발전기라 하며, 자속의 변화가 <u>동기속도(Synchronous speed)로 회전</u> 한다는 의미로 동기 발전기라 칭한다.

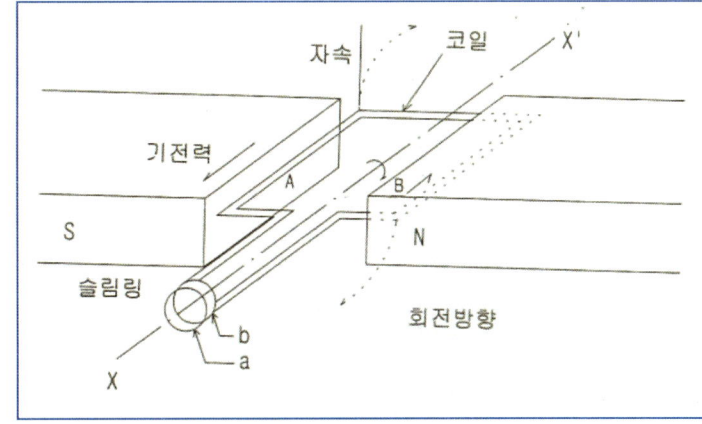

(동기 발전기 원리)

디젤엔진 발전기

동기발전기의 원리

동기속도는 교류를 전원으로 하는 회전기(전동기와 발전기)에 있어서 자계에 교류 전류를 인가할 때 고정자에 생기는 회전 자계의 회전속도를 말한다.

동기속도 Ns(rpm)는 교류 전원의 주파수 f(Hz)와 자극의 수 p에 의하여 결정된다.

$$Ns = 120f / p \text{ (rpm)}$$

$$p = 120f / Ns$$

1초 동안의 교번수를 주파수라고 하고 이 주파수는 매 분당의 회전수를 n이라고 할 때 다음과 같다.

$$f = P/2 \times n/60$$

n을 주파수 f, 자극수 p에 대한 동기속도라 하며 동기속도 n으로 회전하는 회전기기를 총칭하여 동기기라 한다

발전기 구조

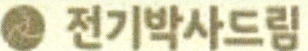

디젤엔진 발전기

1. 2 발전기 구조

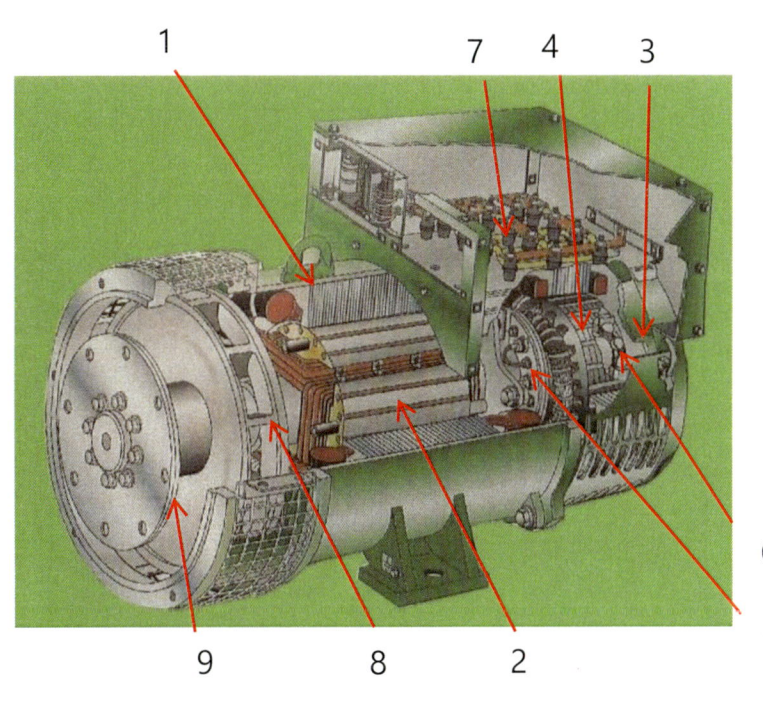

1. 전기자
2. 계자
3. Field Coil
4. Exciter Rotor
5. 정류기
6. 베어링
7. 전압변환 판 및 출력단자
8. 냉각 휀
9. 후렉시블 커플링

회전 정류기

디젤엔진 발전기

동기 발전기의 구조를 크게 나누면 회전자 및 고정자와 부속설비로서 절연기, 여자기 베어링, 통풍장치, 급유 장치등이 있다.
회전자에는 계자철심 및 계자권선이 있고 또 고정자에는 전기자 철심 및 전기자 권선이 있어서 자극 및 기전력을 발생시키게 된다.

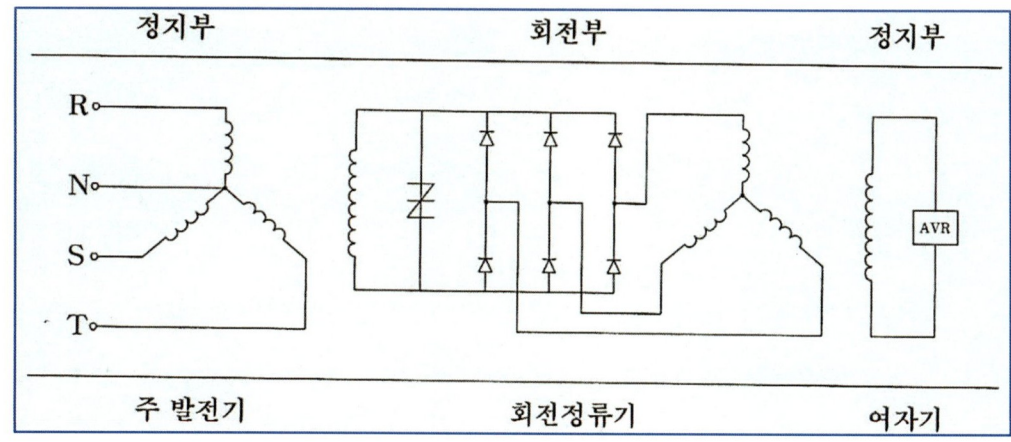

디젤엔진 발전기

교류여자기(EXCITER)

1. 3 회전정류기
교류여자기의 3상 교류전류를 직류로 정류하여 주계자 권선을 여자하기 위하여
3축에 고정된 3상 정류회로가 주발전기 회전자와 여자기 회전자 사이에 설치.

1. 4 교류여자기(EXCITER)
교류여자기는 회전 전기자형 3상 교류발전기로서 전기자가 반주하측 축단에 설치,
여자장치의 직류 출력이 여자기 계자권선에 공급되고 계자권선을 여자하면
여자기 회전자 권선에 교류전압이 유기된다.
또한 교류전압은 회전정류기에서 직류로 정류되어 주발전기 계자권선에 공급된다.

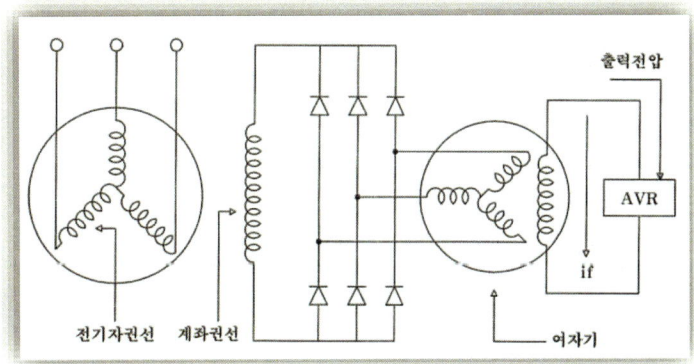

여자방식에 의한 분류

디젤엔진 발전기

1. 5 여자방식에 의한 분류

   - 타 여자방식 : 독립된 직류 전압으로 계자권선에 전류를 공급하는 여자방식.

   - 자 여자방식 : 브러시레스 여자방식이라 하며 자기 자신의 잔류자속에 의해 발생된
                 직류전압을 계자권선에 전류를 공급하는 여자방식.

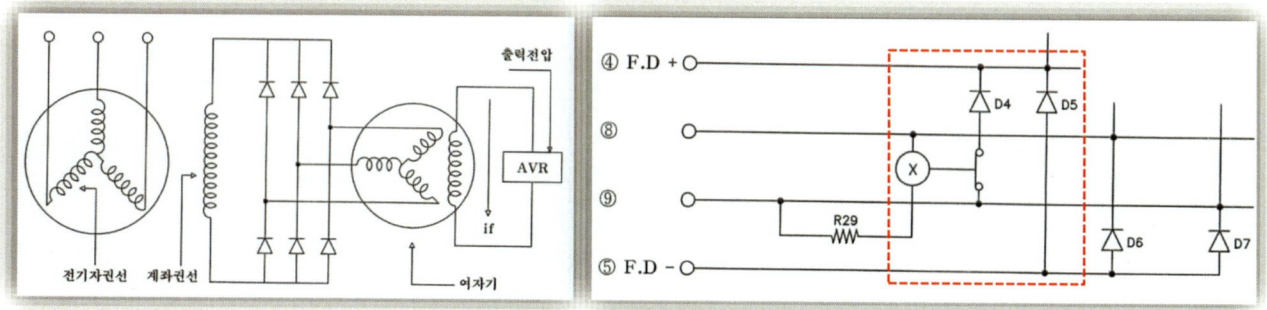

Note
     잔류자속 : 외부 자가장을 제거한 후에도 초전도체에 남아있는 자속.

디젤엔진 발전기

자동 전압 조절기(AVR)

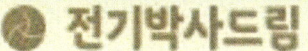

1. 6 자동 전압 조절기(AVR)

발전기에서 AVR의 역할은 내, 외적인 원인에 의하여 부하에 따라 변하는 출력 전압에 대응하여 여자전류의 양을 자동으로 제어시켜 발전기 출력 전압의 변화를 최대한 억제하는 장치로서 SCR 위상제어 방식이다.

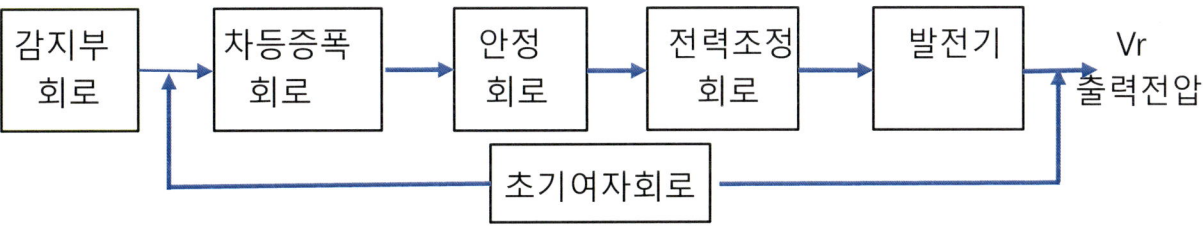

SCR의 게이트 회로는 펄스 전원에 의거 발전기의 출력전압을 변화시켜 주는데 이것은 발전기 출력주파수 위상에 동기하여 출력전압이 낮을 때는 신호 및 게이트 회로의 게이트 펄스가 SCR의 점호를 빠르게 하여 다량의 전류를 공급하고 발전기 출력 전압이 높을 때 게이트 펄스는 점호를 늦게하여 여자회로에 적은 양의 전류를 흘려 출력전압을 낮게 한다.

디젤엔진 발전기

전압 발생 과정

1. 7 전압발생 과정

발전기가 회전하게 되면 계자권선 코어(Core)에 남아 있는 잔류자기에 의해 출력전압이 0~10V 정도로 발생하게 되는데 이 전압이 AVR 초기회로와 계자를 수회반복 점차적으로 전압을 상승시키며 발생된 전압은 계자권선과 AVR에 의하여 조정 유지되고 가변저항(VR)에 의하여 형성되고 유지된다.

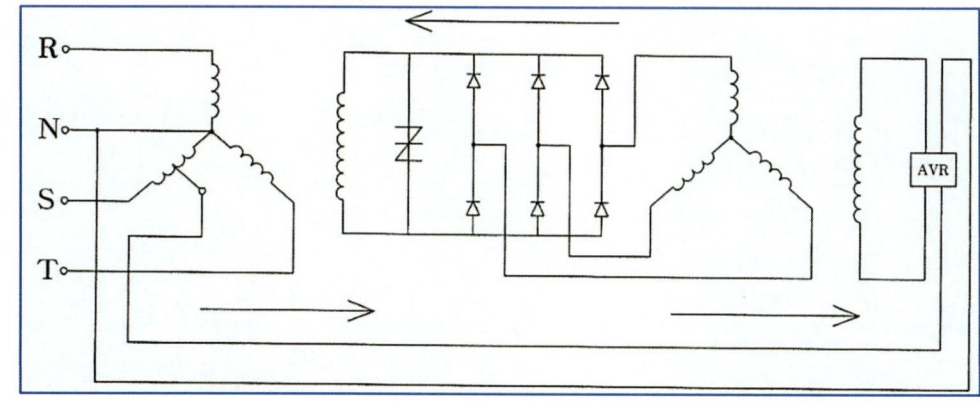

2장. 디젤엔진(Diesel Engine)

1.1 작동원리

디젤 기관도 주요 부분(실린더, 피스톤 커넥팅 로드 어셈블리, 크랭크축 등)의 구조에 있어 본질적으로 가솔린 기관과 다를 바가 없다.
다만, 연료의 연소 과정에 있어 가솔린 기관이 공기 연료의 혼합기를 압축한 다음 전기적 불꽃으로 점화하는데 비해 디젤 기관은 공기만을 흡입하고 높은 압축비 (15~22 : 1)로 압축하여 500℃ 이상이 되게 한 다음, 연료를 분사시켜 자기 착화시키는 것이 다르다.
따라서 디젤 기관은 전기 점화 장치를 필요로 하지 않고, 대신 연료 분사 장치 (연료 펌프와 분사노즐)를 필요로 한다.
또 연료는 자기 착화가 잘되는 경유를 사용한다.
디젤 기관에도 가솔린 기관에서와 같이 4행정 사이클과 2행정 사이클이 있으며, 자동차 및 산업용 고속 기관에는 일반적으로 4행정 사이클 기관이 많이 사용되고 있다.
이것의 연소 방식은 오토 사이클과 디젤 사이클을 복합한 사바테 사이클(Sabathe Cycle) 이다.

디젤엔진 발전기

내연기관 구조

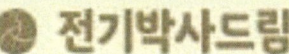

1. 2 내연기관 구조

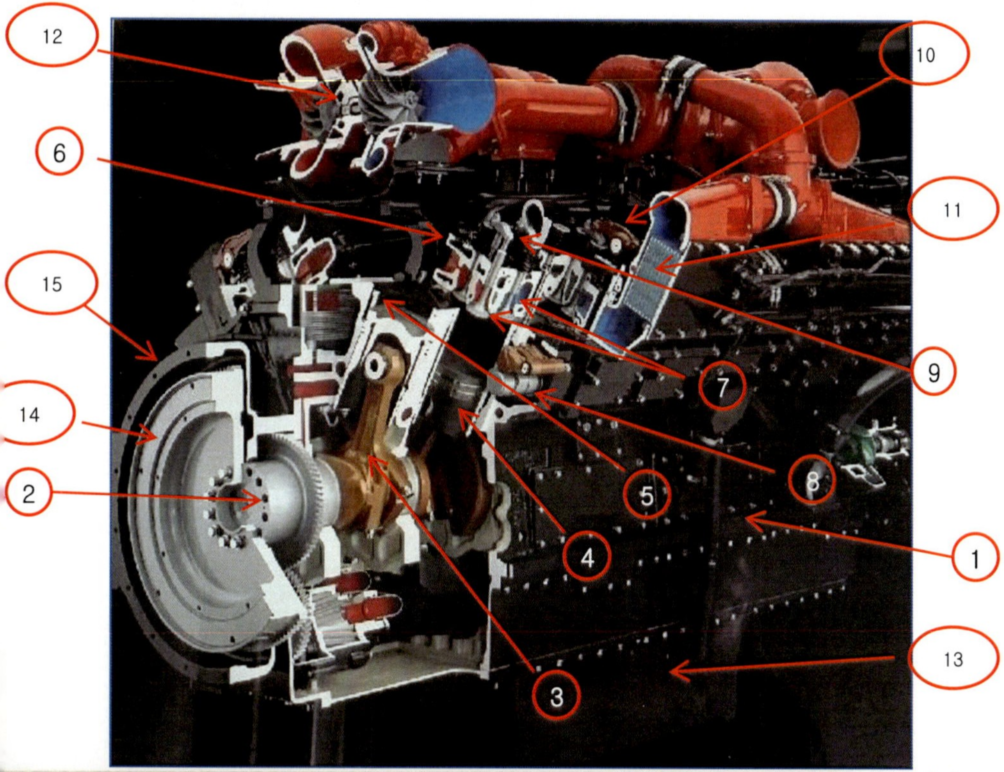

1. Cylinder Block
2. Crankshaft
3. Connecting Rod
4. Piston & Ring
5. Cylinder Liner
6. Cylinder Head
7. Intake & Exhaust Valve
8. Camshaft
9. Injector
10. Rocker Lever
11. Aftercooler
12. Turbocharger
13. Oil Pan
14. Flywheel
15. Flywheel Housing

디젤엔진 발전기

4행정 사이클 기관(흡입.압축.폭발.배기)

1. 3 4행정 사이클 기관

- 흡기행정
  이 행정에서 디젤기관은 공기만을 실린더에 흡입한다.
  △ Note : 실제는 실린더의 하강 운동으로 실린더 내에 부분 진공이 생기기
            때문에 대기압에 의해 공기가 들어가게 된다.
  흡기 밸브는 상사점 전 10~20°에서 열리기 시작하고 하사점 후 40° 부근에서
  닫힌다.

- 압축행정
  흡입한 공기를 30~35kg/㎠(드물게는 40~45kg/㎠)로 압축(압축비 15~22 : 1)하며,
  압축 온도는 500~550℃가 된다.
  흡, 배기의 양 밸브는 완전히 닫혀 있으며 행정의 끝 부근에서 연료가 분사된다.

- 동력(폭발)행정
  압축 행정의 끝 부근에서 연료펌프와 분사 노즐에 의해 100~200kg/㎠의 압력으로
  분사된 연료가 공기 압축열로 연소되어 피스톤에 일을 시킨다.
  이 행정에서 흡, 배기의 양 밸브는 완전히 닫혀 있다.

디젤엔진 발전기

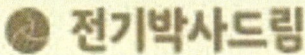

- **배기행정**

동력 행정에서 일을 한 연소 가스를 실린더 밖으로 배출하는 행정이다.
배기 밸브는 하사점 전 20~80°에서 열리고 상사점 후 5~40°에서 닫힌다.

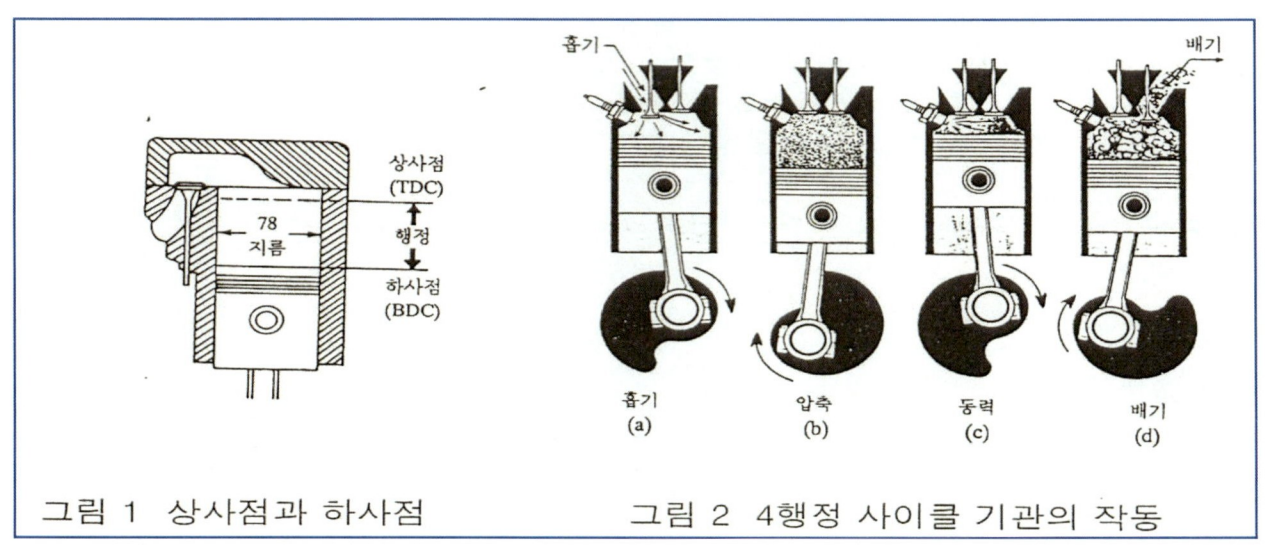

그림 1 상사점과 하사점   그림 2 4행정 사이클 기관의 작동

(4행정 사이클 디젤 기관의 작동)

3장. 전기식 가버너 동작원리

1. 1 원리
   - Magnetic Pick-up은 Fly Wheel Ring Gear 톱니의 응답에 의하여
     Pick-up Tip을 지날때 코일(Coil)에 전기적 펄스(Pulse)를 발생시킨다.
     이 펄스 혹은 주파수는 Control Unit에 공급되며, Pick-up 신호는
     Tip을 지나는 초당 톱니 숫자에 의하여 이 신호가 직접 비례한다.

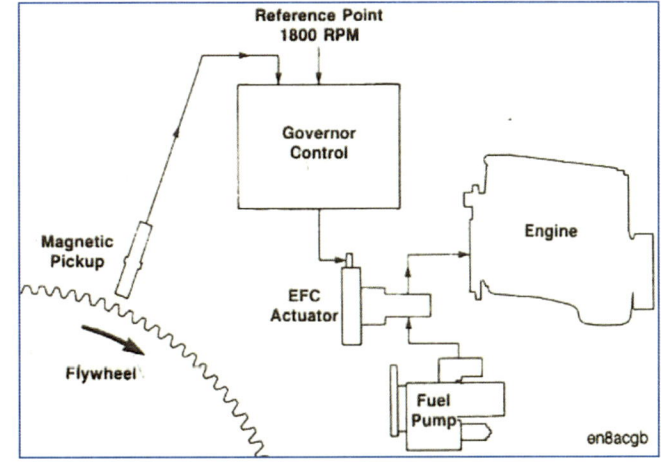

전기식 가버너(Electric Control System)기능

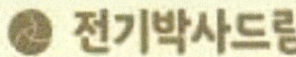

디젤엔진 발전기

1. 2 전기식 가버너(Electric Control System) 기능

Magnetic Pick-up : Flywheel Gear의 펄스(Pulse)를 검출하여 Control Unit에
전기적 신호를 보냄.

Control Unit : Control Unit에 설정된 엔진 속도(Speed)와 실제 속도를 비교
분석하여 엑츄레터(Actuator)에 필요한 전압을 공급.

Actuator : Control Unit로부터 전기적 신호를 받아 Actuator 축(Shaft)을
회전시켜 연료 압력을 높여준다.

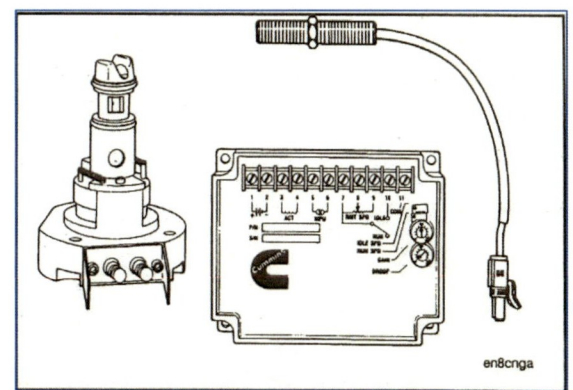
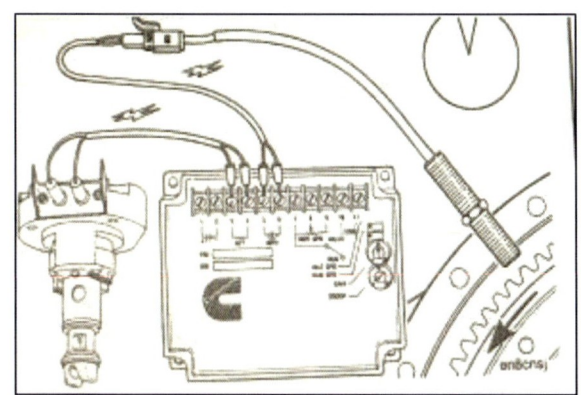

디젤엔진 발전기

1.3 전기식 가버너(EFC Governor) 동작 시스템

- Fly wheel Gear가 Magnetic Pick-up을 통과할 때 AC 전압을 유기시킨다.
- Gear 1개당 1Cycle이며 회전력에 따라 전압의 크기는 변한다.
- Actuator는 Control Unit에 의하여 전기적으로 조정.
  부하증가 → 엔진 회전수 떨어짐 → Pick-up → 신호의 간격이 멀어짐 → Control Unit
  → Actuator Shaft를 회전시켜 연료 압력을 높여준다.

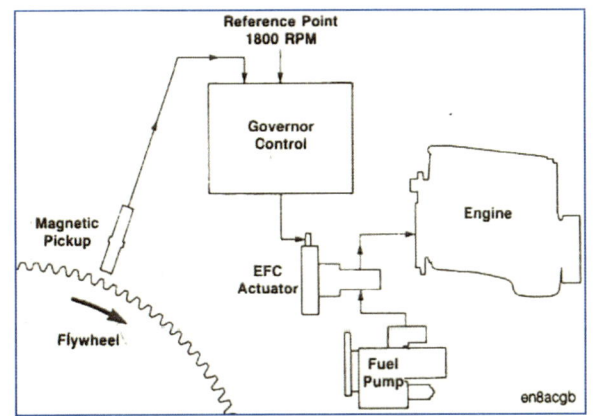
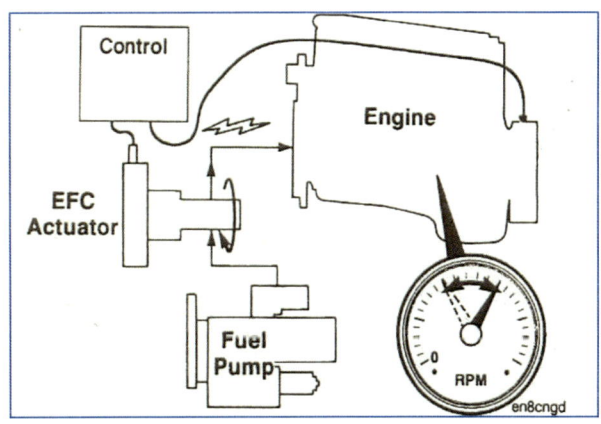

Control Unit 조정

디젤엔진 발전기

1. 4 Control Unit 조정

- 콘트롤 유니트는 오실로그래프(Oscillograph)에 의하여 1 차 조정이 완료되나,
  장비 사용 중 또는 Fuel System의 변화에 따라 재조정이 필요하다.

- 저속(IDLE) 회전수가 높거나 낮을 때 : 콘트롤 유니트 Idle Speed VR을 조정한다.

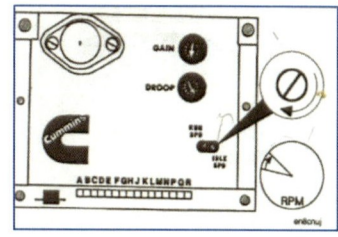 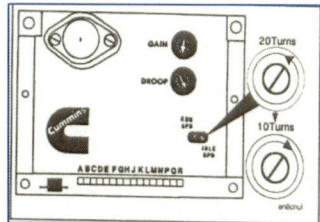

- 고속(RUN) 회전수가 높거나 낮을 때 : 콘트롤 유니트 Run Speed VR을 조정한다.

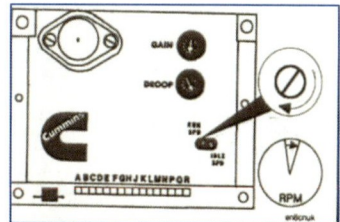 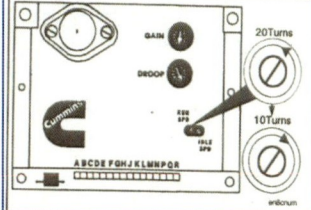

△ Note
  Idle & Run Speed Adjustment는 20Turn Type의 Potentiometer이다.

헌팅 (Hunting) 조정

디젤엔진 발전기

1. 5 헌팅(Hunting) 조정

- Gain or Stability VR을 조정하여 헌팅(Hunting)이 멎을 때까지 조정한다.

- 드롭(Droop)은 제로(0)이며, 변화를 주어서는 안 된다.

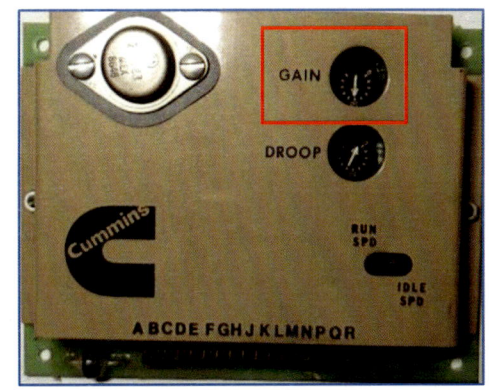
(키민스 엔진)

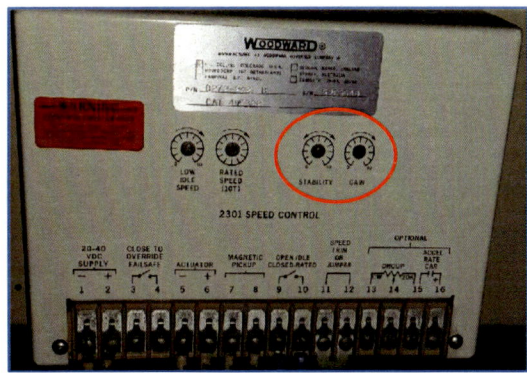
(캐터필러 엔진)

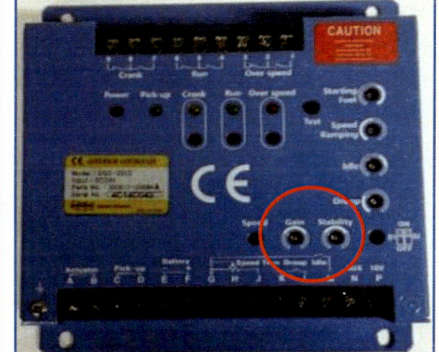
(두산 엔진)

드롭(Droop)

디젤엔진 발전기

1. 6 드롭(Droop)

 - 드롭을 규정 값(Spec) 이상으로 조정할 경우 부하 운전 중 출력 저하의 원인이 된다.

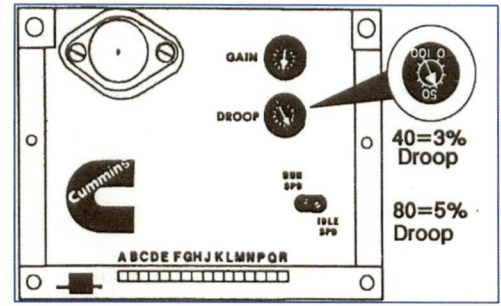

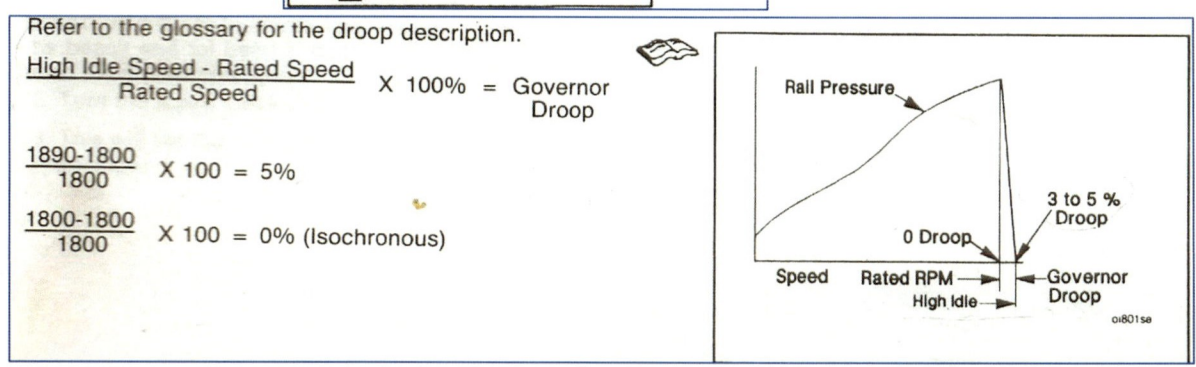

- 22 -

디젤엔진 발전기

1. 7 엔진 속도(Speed)의 과도응답 시 Control Unit 조정

상 태	조 정
부하 변동 시 과도응답의 크기가 너무 클 때.	GAIN과 DROOP을 조정하여 과도응답의 크기를 조정한다.
부하 변동 시 과도응답, 안정시간이 너무 클 때.	GAIN과 DROOP을 조정하여 안정시간을 감소 시킨다.
부하 운전 중 엔진 속도(Speed)가 과도하게 DROOP 될 때.	DROOP을 조정하여 폭을 감소시킨다.

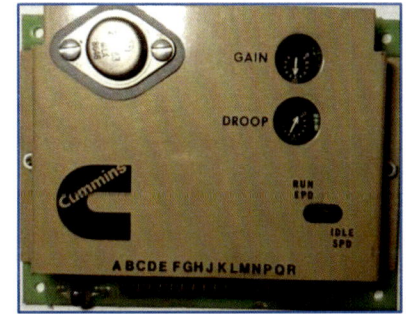

자석식 픽업(Magnetic Pickup) 조립

디젤엔진 발전기

1. 8 자석식 픽업(Magnetic Pickup) 조립

- 픽업(Pick-up) 조립은 플라이 휠 기어(Fly wheel gear)로 부터 <u>1/2 to 3/4 turn</u> 이격 되어야 한다.

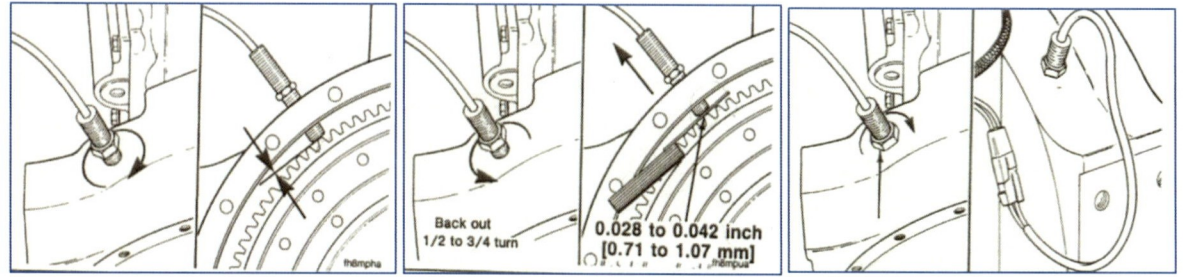

- 분해 점검 후 재 조립 시에는 픽업(Pick-up)을 잠근 후 플라이휠 기어에 끝 단이 닿으면 시계 반대 방향으로 1/2 to 3/4 turn을 풀은 후 고정 넛트를 잠근다.

△ **Note**
  플라이휠 기어(Flywheel gear)와의 간극이 가까울수록 전압의 크기가 커진다.

△ **Spec**
  Magnetic Pick-up Coil 저항값 : 300Ω maximum
  　　　　　전　압 : 30V AC maximum output

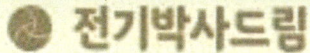

디젤엔진 발전기

콘트롤 유니트 결선(Governor control wiring)

1. 9 콘트롤 유니트 결선(Governor control wiring)

- 매인 PCB board System은 다음과 같다.

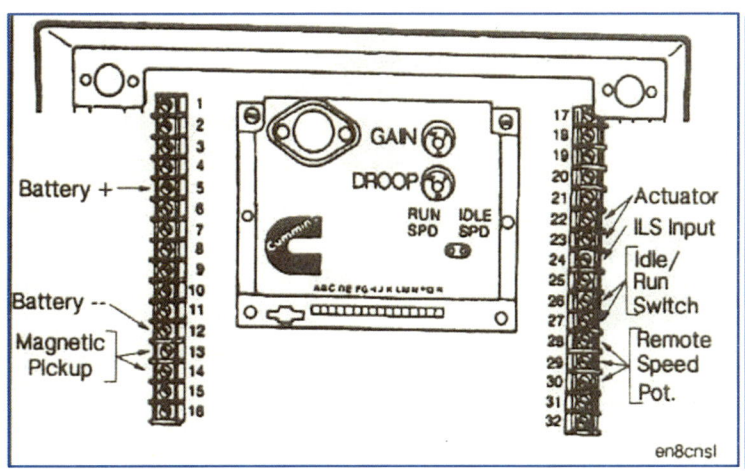

디젤엔진 발전기

- 디지털 스피드 콘트롤러 결선은 다음과 같다.

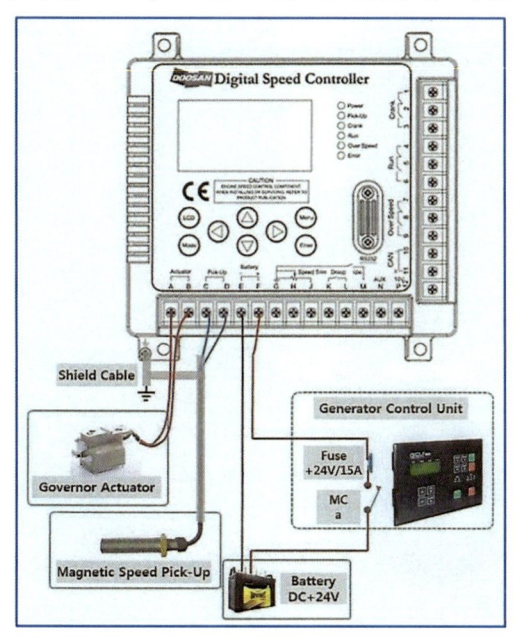

(Pick-up and Actuator Connection)

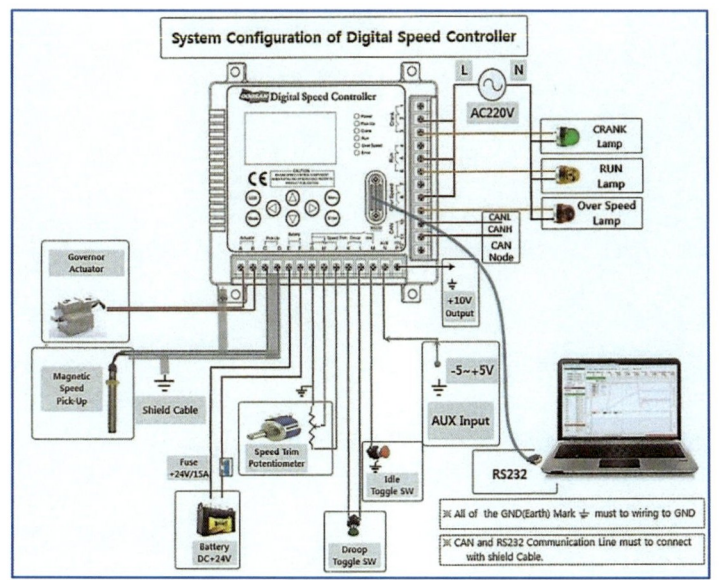

(System Diagram for Digital Speed Controller)

수동운전 및 정지

디젤엔진 발전기

4장. 운전

1. 1 수동운전 및 정지

- 운용자 선택에 의한 시동(Start) 및 정지(Stop).

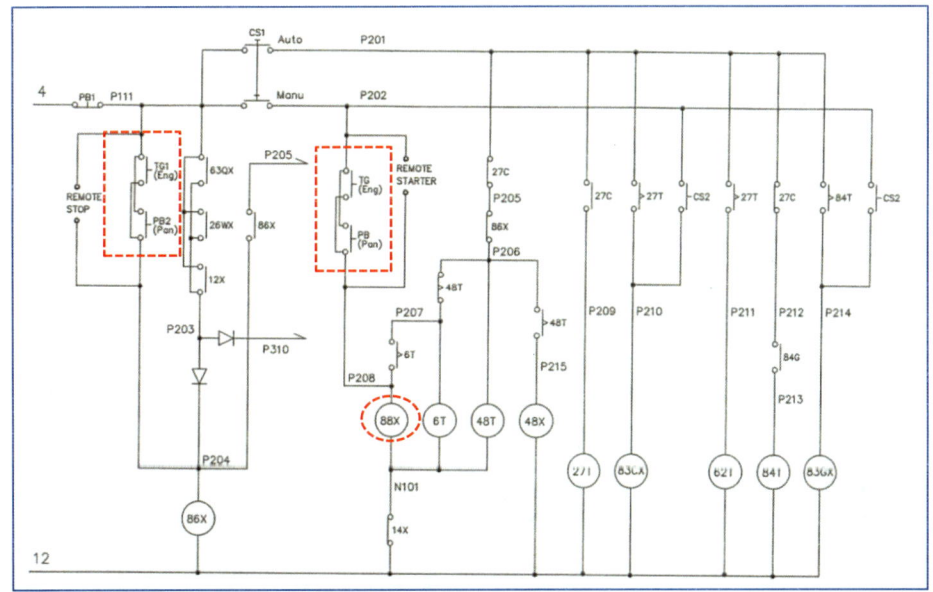

디젤엔진 발전기

- 시동 시 자기유지 회로
  시동 스위치를 누르면 88X 릴레이가 여자되는데 이 때 붙는 A접점에 의하여
  62X 릴레이가 같이 여자되며, A접점에 의해 자기유지가 형성 5S(Shut Down
  Solenoid)에 전원이 공급된다.

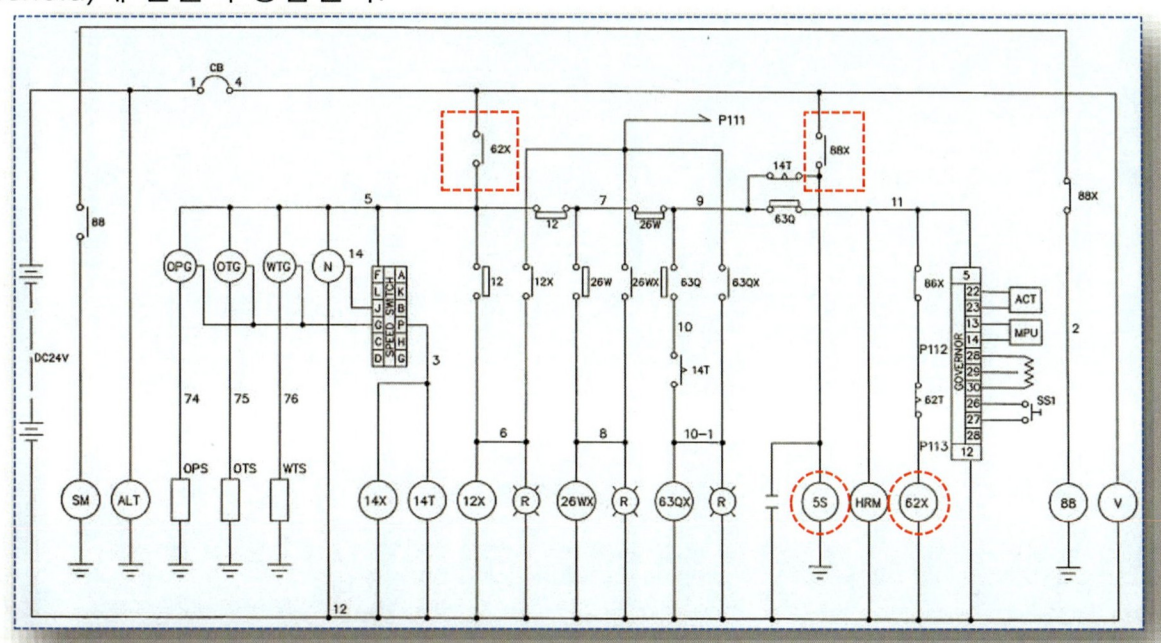

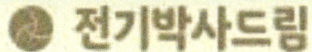

디젤엔진 발전기

수동투입 및 차단

1. 2 수동투입 및 차단

- 운용자 선택에 의한 차단기(ACB S/W) 투입 및 차단.

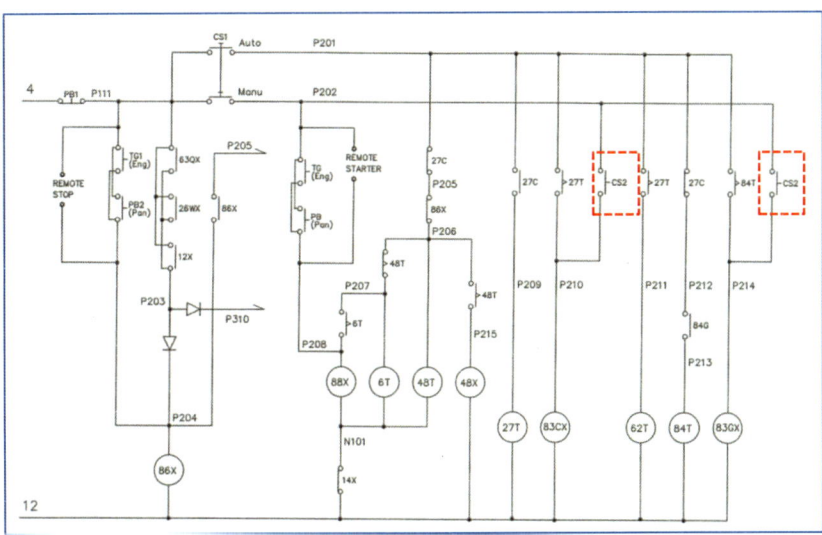
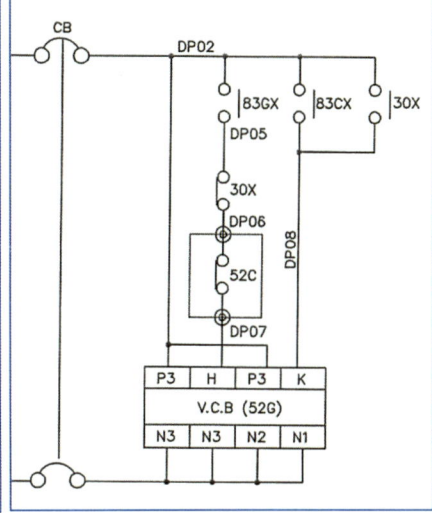

자동운전 및 정지

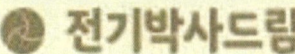

디젤엔진 발전기

1. 3 자동운전 및 정지

- 운전 선택 S/W 자동 운전으로 절환.
- 정전을 감지하는 부족 전압 Relay(27C) 동작 상태에 따라 운전 및 정지.
- 3회 시동이 실패될 경우 시동실패(48X) 경보가 작동된다.
△ Note : 부족 전압 감지용 27C 릴레이(Relay) 작동 전압은
  전압 방식인 AC 220V와 무전압 접점 방식인 DC 24V가 있다.

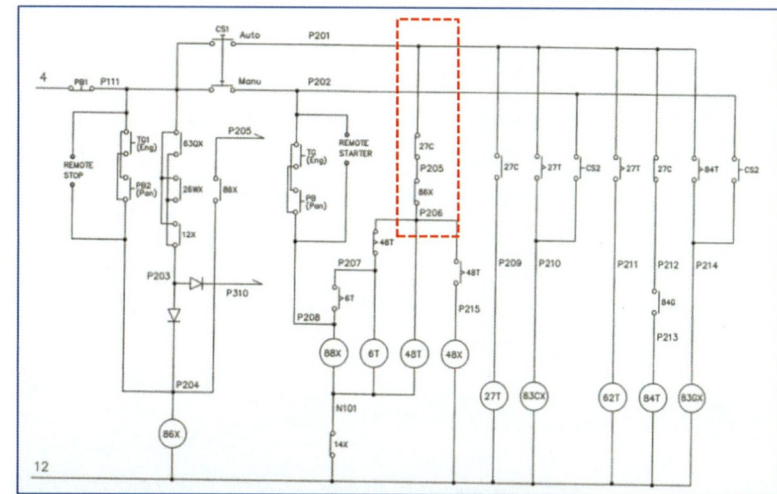

디젤엔진 발전기

1. 3. 1 정전 감지 릴레이 회로 구성

- 무 전압 접점 방식 : UVR 또는 ACB S/W 접점을 이용.
- 전압방식 : 고압 PT 2차 또는 ACB S/W 1차 부스에서 인출.

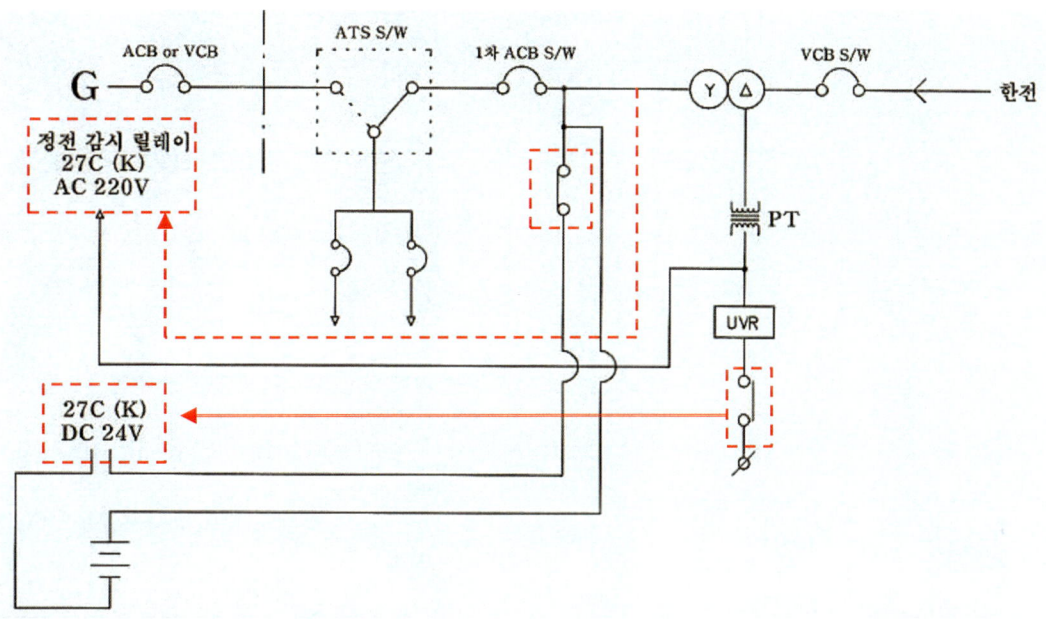

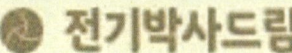

자동투입 및 차단

디젤엔진 발전기

1. 4 자동투입 및 차단

- 운전 선택 S/W 자동 운전으로 절환.
- 정전을 감지하는 부족 전압 Relay(27C) 동작 상태에 따라 27T, 62T 타이머에 의해 운전과 정지가 진행된다.
- 차단은 투입의 역순이며 냉각 타임(62T)의 설정 시간은 최소 2분이상 되어야 한다.

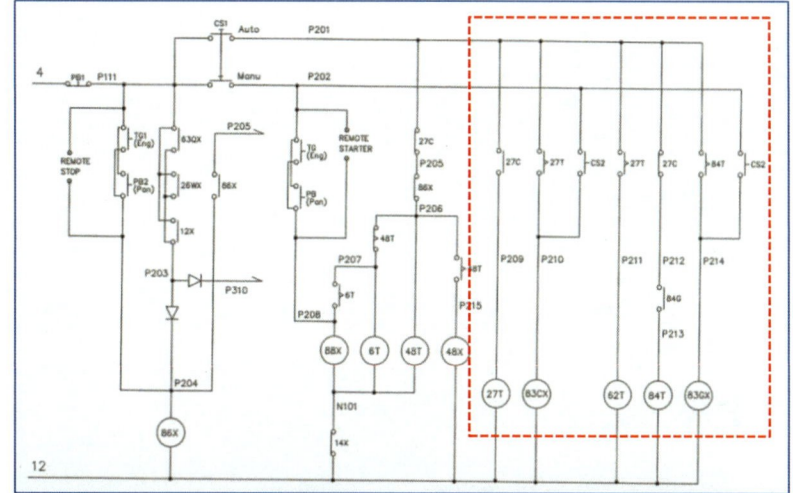
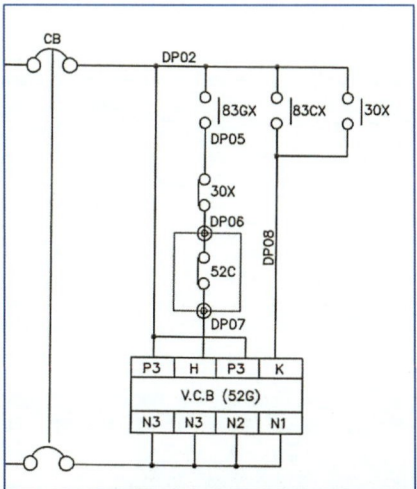

5장. 운용자 관리

1. 1 운용자 숙지사항

- 가능한 무 부하 운전을 억제하라.

△ **Warning :** 지속적인 무 부하 운전에 따른 Oil Slobbering 현상.

- 무 부하 운전 시 엔진 회전수가 1800rpm인 기종의 경우 평균 15분을 유지하라.
- 분기(3개월) 또는 반기(6개월) 주기로 부하운전을 실시하라.
- 비상용은 부하량에 따라 운전시간을 조정, 50% 부하 시 2시간 정도 유지하라.

디젤엔진 발전기

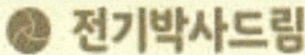

- 매 운전시마다 점검일지를 작성하여 장비상태를 주의 깊게 관찰하고 기록하라.
- 운전 조건은 정격으로 유지하고 비상을 포함한 모든 전기적 기능을 체크하라.
- 습기가 다습한 발전실은 정기적으로 코일의 절연검사를 실시하라.

　　Spec : 전압 크기 별 권선과 대지간의 절연저항 값.
　　　　⇒ 600V 이하 전기자 : 500V 절연측정기(메거)로 3MΩ 이상.
　　　　　　　　　　계자 : 500V 절연측정기(메거)로 3MΩ 이상.
　　　　⇒ 3,300/6,600V 이하 전기자 : 1000V 절연측정기(메거)로 5MΩ 이상.
　　　　　　　　　　계자 : 500V 절연측정기(메거)로 3MΩ 이상.
　△ Caution : 절연저항 측정 시 2차측 출력 및 제어선을 분리한 후 측정.

- 고압 발전기는 운전반 뒷 문 내부에 절연 아크릴판을 설치하고 외부에
  " 고전압 위험 " 표지를 설치하라.
- 돌발 사고 시를 대비, 지원업체를 선정하고 비상연락망을 항상 숙지하며,
  수시로 변동 사항을 확인하라.
- 돌발 및 안전사고에 대비하고, 장비 앞에서 항상 긴장하라.
- 작은 결함도 크게 생각하라.

디젤엔진 발전기

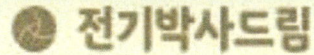

길들이기 운전

1. 2 길들이기 운전

△ **Caution** : 최초 100시간 동안은 아래사항을 준수하라.

- 엔진을 가능한 한 ¾ 스로틀에서 많이 운전할 것.

- 무 부하에서 장시간 운전을 피하고 최대 출력에서는 5분 이상 운전을 금할 것.

- 운전 중 계기판을 자주 관찰하고 오일 온도가 121℃(250F) 가까이 되거나

  냉각수 온도가 90℃(200F) 이상이 되면 엔진부하를 줄일 것.

- 길들이기 운전기간에는 매8~10시간 마다 오일 량을 점검할 것.

각종 계기(Gauge)

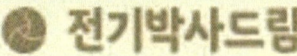

디젤엔진 발전기

1. 3 각종 계기(Gauge)의 평균 지시값

순위	점검항목	점검기준 (Spec)
1	엔진오일 압력 (PSI)	저속 : 15 / 고속 : 40 ~ 70
2	회전계(RPM)	저속 : 800 / 고속 : 1800
3	오일온도(℃)	최고 : 121
4	축전지 전압(VDC)	24 ~ 28
5	청수온도(℃)	80 ~ 90
6	과속도 경고등	2070(115%) or 2160rpm(120%) 이상 시 엔진이 정지되면 원인 제거 후 사용.
7	저유압 경고등	12PSI 이하 시 엔진이 정지되면 원인 제거 후 사용.
8	과온도 경고등	106℃ 이상 시 엔진이 정지되면 원인 제거 후 사용.
9	회로 차단기(써키트)	과전류 or 쇼트 시 튀어나오면 원인 제거 후 눌러줄 것.

디젤엔진 발전기

1. 4 운전 전 점검사항

- 오일 량이 적정 수준인지 확인하라.
- 냉각수 수위가 적정한지 확인하라.
- 내연기관 좌, 우현의 오일, 냉각수 누유와 누수 상태를 점검하라.
- 각종 볼트, 넛트의 이완 상태를 점검하라.
- 시동용 축전지 충전 상태를 점검하라.
- 냉각수 예열히터의 작동 상태를 점검하라.
- 발전기 운전반의 각종 제어용 계전기 등의 이탈 상태를 점검하라.
- 연료 서비스탱크의 연료량을 점검하라.

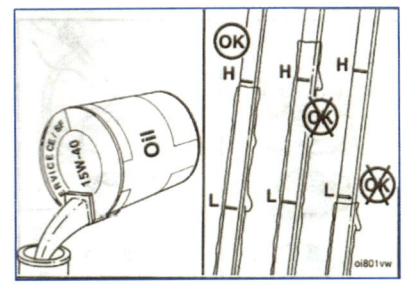
(엔진오일 적정수준)

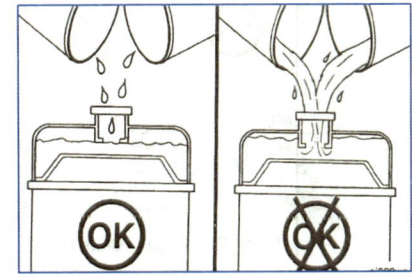
(냉각수 적정수준)

운전 중 점검사항

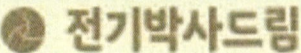

디젤엔진 발전기

1. 5 운전 중 점검사항

- 엔진 및 발전기 운전반 각종 계기류의 정상 지시 상태를 점검하라.

- 내연기관 및 발전부등의 이상 소음을 점검하라.

- 내연기관의 누유, 누수 상태를 점검하라.

- 볼트, 넛트의 이완 상태를 점검하라.

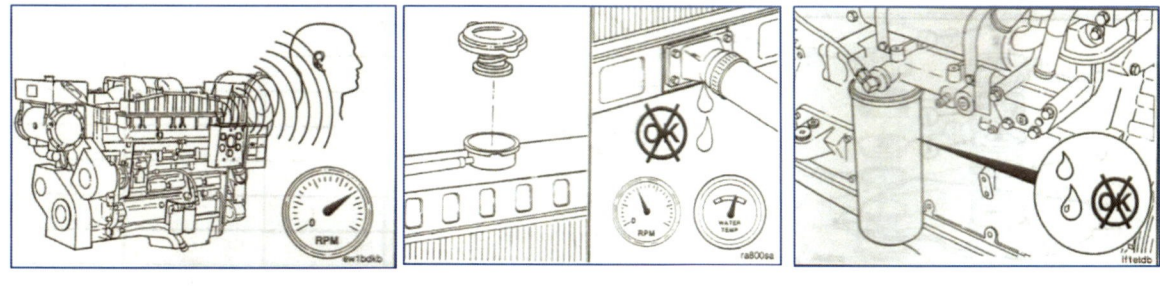

(이상 소음)　　　(냉각수 누수)　　　(엔진오일 누유)

디젤엔진 발전기

운전 후 점검사항

1. 6 운전 후 점검사항

- 정지 20분 후 오일량이 적정 수준인지 확인하라.

- 내연기관이 냉각된 후 냉각수 수위가 적정한지 확인하라.

- 내연기관 좌, 우현의 오일, 냉각수 누유와 누수 상태를 점검하라.

- 각종 볼트, 넛트의 이완 상태를 점검하라.

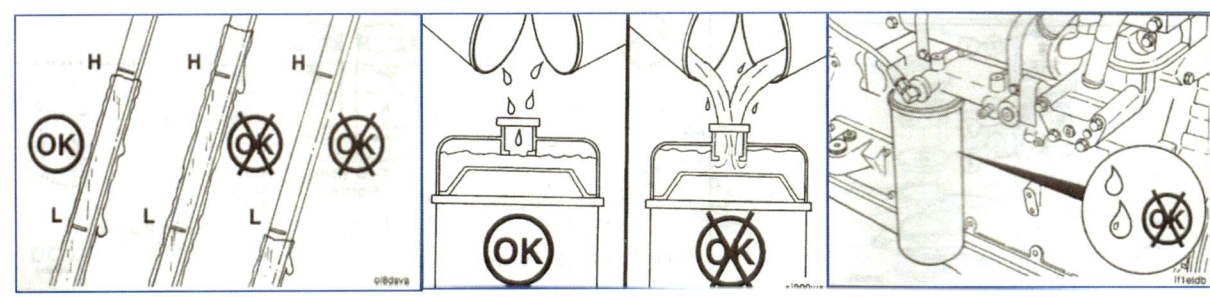

(엔진오일 적정수준)   (냉각수 적정수준)   (엔진오일 누유)

디젤엔진 발전기

유지보수의 정의

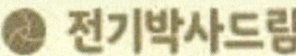

6장. 유지보수

1.1 유지보수의 정의

비상용 발전기는 상용전원의 대체전원으로서 돌발사고 또는 정전 시
안정적 전력을 공급하는데 차질이 없도록 항상 최상의 컨디션을 유지할 수
있는 효율적인 유지보수 관리의 계획과 수립이 필요하다.
즉, 장비의 내구성은 이러한 유지보수 관리 시스템에 따라 결정된다.

또한 유지보수는 운용자 관리 사항으로 다음과 같이 구분하여 관리하는 것이
효율적인 유지보수 관리가 될 수 있다.

  가) 돌발사고 또는 고장에 의한 긴급 정비.

  나) 예방정비 차원의 계획 정비.

유지보수 절차

디젤엔진 발전기

1. 2 유지보수 절차

청결성	발전기 세트 주위가 깨끗한지, 장비가 항상 수입되어 있는지 점검한다.
안정성	발전기 세트의 부식 및 노후 상태를 점검하고, 각종 누유, 누수, 이완 등을 확인한다.
보존성	발전기 세트의 고장 및 정비내역을 기록하고 관련 문서와 도서 등과 기본공구를 갖추고 있는지 확인한다.
동작시험	발전기 세트가 정상 가동되고 있는지, 각 부품별 기능이 정상 작동되고 있는지, 장비운전 및 점검 절차 등이 잘 숙지되고 있는지 점검하고, 시험을 한다.

유지보수-소모품 관리

디젤엔진 발전기

1. 3 유지보수

 1. 3. 1 소모품 관리
　　　　각 종 휠터류와 엔진오일 , 냉각수, 축전지 등을 말하며 내연기관 원 제작사의
　　　　권장 사항과 장비 운용상태 등을 고려하여 교체주기를 설정한다.
　　　Spec : 내연기관 원 제작사소모품 교체주기.
　　　　　　　상용 발전기 : 매 250시간에 1회.
　　　　　　　비상용 발전기 : 6개월에 1회.
　　　△ **Recommend :** 실 적용 주기 – 2~3년에 1회.

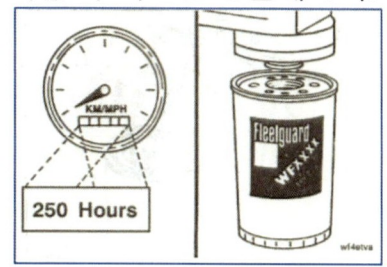

　　　내연기관에서 가장 효율적인 유지보수 관리는 주기적 소모품 교체이며,
　　　가장 적은 비용으로 최상의 컨디션을 유지토록 하고, 내용 년 수를 최대한
　　　확보하는 것이 효율적인 유지보수 관리 방안이다.

유지보수-오일 및 휠터류 관리

디젤엔진 발전기

1. 4 오일 및 휠터류 관리

 1. 4. 1 엔진오일 : 내연기관 원 제작사에서 국내 정유사를 상대로 브랜드화하여
                공급하며, 첨가제에서 다소 차이가 있을 뿐 복합오일은 같으므로
                일반 정유사에서 생산되는 15W40 디젤용이면 사용 가능하다.

 1. 4. 2 휠터류 관리
                  - 습식 휠터 : 오일, 연료, 냉각수 휠터등은 카트리지가 생명이므로
                           원 제작사 순정부품을 사용하는 것이 바람직하다.

(A사 순정부품)   (B사 비순정부품) (C사 비순정부품)

          - 건식 휠터 : AIR 휠터는 공기를 여과시켜 연소실로 공급하는 것
                    이므로 순정부품에 준하는 비 순정부품을 사용하여도
                    무방하나 가급적 순정부품을 사용하는 것이 바람직하다.

디젤엔진 발전기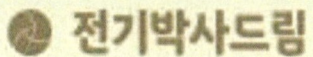

1. 4. 3. **부동액** : KS 인증을 받은 제품을 사용하고 비중은 다음과 같다.

물과의 혼합비율과 어는점				
부동액(%)	30	40	50	60
물(%)	70	60	50	40
어는점(℃)	-14.5℃	-27℃	-35℃	-46℃

1. 4. 4 **시동용 축전지** : RP형 축전지는 2~3년에 1회 이상 교체가 바람직하며, 충전전압은 최대 26.9V를 초과하지 않도록 한다. 축전지의 생명은 충전기이므로 충전기 선정에 있어 <u>수하특성을 가진 부동용</u>을 선택하여야 한다.

△ **Note** : 수하특성이란?
부하전류가 증가하면 단자전압을 저하시켜 출력을 일정하게 유지시키는 것.

유지보수-구동 벨트 관리

디젤엔진 발전기

. 1. 5 구동 벨트 관리
   1. 5. 1 벨트 검사 및 교체

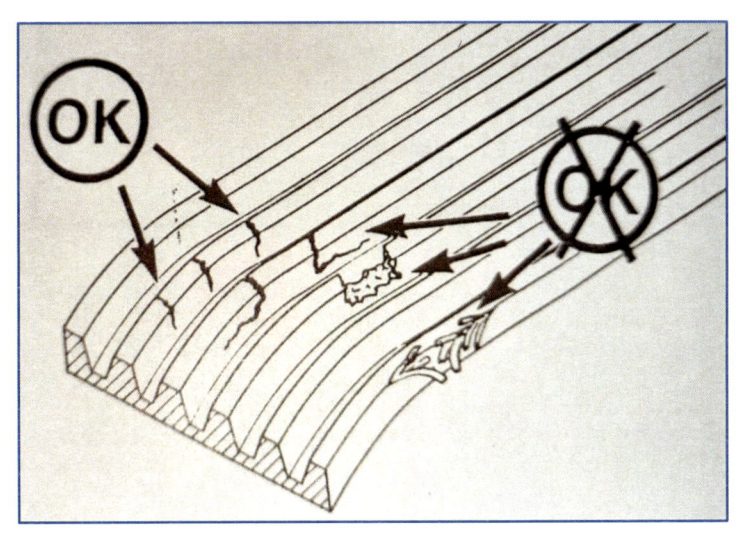

- 벨트폭을 가로지르는 횡균열은
  재사용이 가능하나,
  횡균열과 교차하는 종균열이
  있는 벨트는 재 사용할 수 없다.

- 교차균열, 마모, 재질상 결함이
  있는 벨트는 교환해야 한다.

디젤엔진 발전기

. 1. 5. 2 구동 벨트 장력 검사

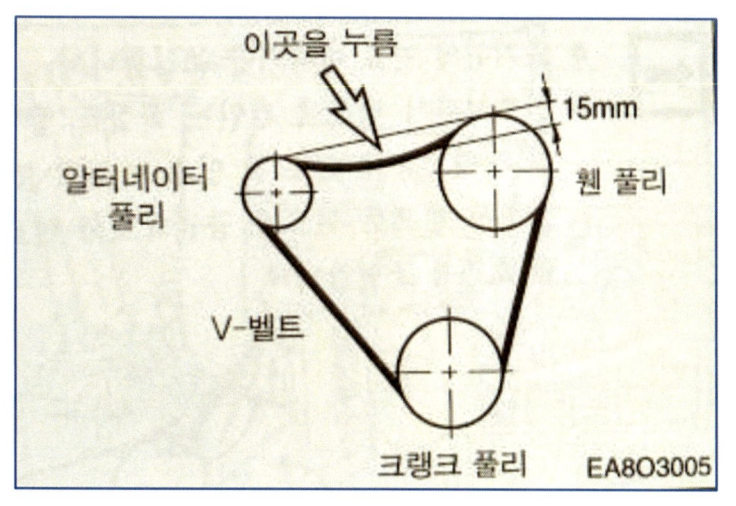

- 벨트 장력 조정은 그림과 같이 조정한다.
- 벨트는 항상 세트로 교체하고 벨트의 상대방 벨트 세트상의 걸침 깊이의 변화는 1.6mm (1/16in)를 초과해서는 안된다.

Note : 벨트 유격은 15mm Max
휀 허브 베어링의 유격 : 0.15mm(0.006in) Max

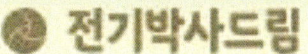

디젤엔진 발전기

1. 5. 3 구동 벨트 교체 및 장력 조정

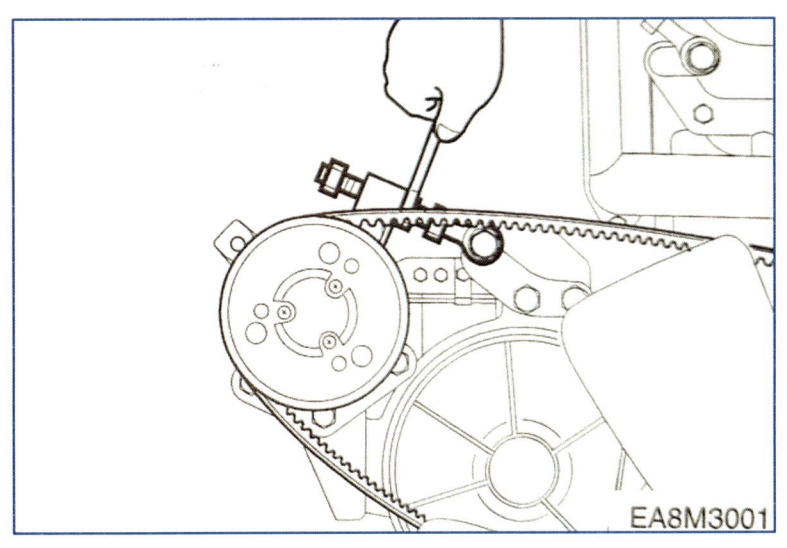

- 충전 제네레터 브라켓에 조립된 장력조정 너트를 풀고 벨트를 분해한다.

- 조립은 분해의 역순이다.

- 벨트 장력은 1. 5. 2항을 참고한다.

유지보수-정비 계획표

디젤엔진 발전기

1. 6 정비 계획표
   가. 번역서

발전기 점검 정비 계획표

"A" 점검	"B" 점검	"C" 점검	"D" 점검	계절정비
적용기간, 시간	6개월 또는 250시간	1년 또는 1500시간	2년 또는 4500시간	계절별
일일점검 ■ 엔진 점검 ★ 오일량 ★ 냉각수량 ★ 연료량 ★ 외부 손상, 누설 및 풀림상태 **주간점검** ■ 일일 점검 반복 ■ 점검 ★ 에어크리나 저항 지시계 ★ 시동용 밧데리 ★ 비정상적인 이음 및 진동	■ "A" 점검 반복 ■ 엔진 오일 교환 ■ FILTER 교환 ★ OIL ★ BY . PASS ★ FUEL ★ WATER ★ AIR CLEANER ■ 점검 ★ DCA 농도 ★ 부동액 농도 ★ 배선 ★ 게이지류 ★ 안전 스위치류 ■ 세척 ★ 에어브리더	■ "A,B" 점검 반복 ■ 조정 ★ VALVE ★ INJECTOR ★ FUEL PUMP ■ 오일 교환 ★ 유압가바나	■ "A,B,C" 점검 반복 ■ 점검, 수리 및 교환 ★ 진동 댐퍼 ★ 가바나 ★ 냉각팬 허브 ★ 열 교환기 ★ 주 발전기 ★ 시린더 헤드 ★ 알터네이타 ★ 스타팅 모타 ★ 터보 차져 ■ 세척 및 시험 ★ FUEL PUMP ★ INJECTOR	**가을** ■ 냉각계통 세척 ■ 점검, 정비 및 교환 ★ 각종 호스 ★ 워터 히타 ★ 전기 배선 ★ 시동보조 장치 ★ 부동액 **봄** ■ 엔진 증기 세척 ■ 마운팅 볼트 조임 ■ 크랑크 유격 점검 ■ 열 교환기 점검

◎ NOTE ◎
1. 점검시기는 기간(6개월), 시간(매250시간)중 먼저 도래되는 것을 적용함.
   즉, 6개월 동안 운전시간이 250시간 미만이라도 "B" 점검 실시함.
2. 발전기는 월 2회 정도 가동하는 것이 바람직함. (1회 15분).
3. 기타 기술적인 내용에 관하여는 별도 문의하시기 바랍니다.

디젤엔진 발전기

나. 내연기관 원제작사(Cummmins) 원본

Maintenance Schedule

CUMMINS DIESEL ENGINES

EQUIPMENT NO. _____   ENGINE SERIAL NO. _____
MECHANIC _____   HOURS, CALENDAR _____
TIME SPENT _____   CHECK PERFORMED _____
PARTS ORDER NO. _____   DATE _____

Check each operation as performed.

A—CHECK	B—CHECK	C—CHECK	D—CHECK	SEASONAL	OTHER
Daily ☐ Check operator's report ☐ Check engine: • Oil level • Coolant level ☐ Visually inspect engine for damage, leaks, loose or frayed belts and listen for unusual noises ☐ Drain water/sediment from fuel tanks and fuel filters **Weekly** ☐ Repeat Daily "A" Check ☐ Check air cleaner • Clean precleaner dust pan • Check restriction indicator • Clean/change air cleaner element * • Change oil bath cleaner oil ☐ Drain air tanks	**Repeat "A" (Daily/Weekly)** ☐ Change engine oil ☐ Change filters • Oil full flow • Oil by-pass • Fuel filter ☐ Check coolant • Check engine coolant DCA concentration level. Add make-up DCA and change element ☐ Check oil levels • Aneroid • Hydraulic governor ☐ Clean/change • Crankcase breather — All except KT/KTA 38 and 50 • Air compressor breather	**Repeat "A" & "B"** ☐ Adjust valves & injectors ☐ Change oil • Aneroid • Hydraulic governor ☐ Replace aneroid breather ☐ Inspect back side idler	**Repeat "A", "B" & "C"** ☐ Clean & calibrate injectors, fuel pump and aneroid ☐ Check and/or rebuild and/or replace the following assemblies • Turbocharger • Vibration damper • Air compressor ☐ Rebuild or replace the following assemblies • Fan hub • Idler pulley assembly • Water pump • Back side idler ☐ Clean/change crankcase breather on KT/KTA 38 and 50 ☐ Clean & flush cooling system	**Fall** ☐ Replace hose as required ☐ Check cold start & thermal aids ☐ Clean electrical connections and check batteries **Spring** ☐ Steam clean engine ☐ Tighten mounting bolts ☐ Check crankshaft end clearance ☐ Check heat exchanger zinc plugs annually or as required	☐ • Alternator ☐ • Generator ☐ • Starter ☐ • Exhaust brake ☐ • Air compressor ☐ • Electrical connections ☐ • Batteries ☐ • Freon compressor * On these components follow the manufacturer's recommended maintenance procedure

Engine Series	Interval	B	C	D		
All	Hours Calendar	Chart Method or 250 6 mos.	1500 1 year	4500 2 years		

Note: Under circumstances where hours of operation are not accumulated at a fast rate, use calendar time. In other words, use hours, or calendar time, whichever comes first.

*Cummins Engine Company, Inc., recommends the use of dry type air cleaners.

디젤엔진 발전기

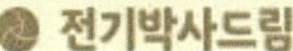

다. 정비 점검표

정 비 점 검 표
적용장비 : 10KW ~ 1500KW까지 GENERATOR

순위	검사 항목	표준치 (규정치)	점검	조정	보수	교환	기타
1	OIL FILTER	6개월 (매 250HR)					
2	FUEL FILTER	6개월 (매 250HR)					
3	AIR FILTER	12개월 (매 250HR)					
4	WATER FILTER	6개월 (매 250HR)					
5	ENGINE OIL	6개월 (매 250HR)					
6	부동액	24개월 (매 250HR)					
7	BATTERY	비중 1.280 충전후 표준 비중 90% 이하					
8	BATTERY V-METER	계기오차 1.0%					
9	BATTERY A-METER	〃					
10	BATTERY 충전기	균등충전 (26V3A)					
11	VALVE GATE 설비(볼 밸브)	누수 or 균열 시					
12	RADIATOR	부식, 외부CRACK					
13	냉각수 HEATER	동작온도 40℃ ON 50℃ OFF					
14	STARTER MOTOR	피니언 GEAR 마모 24개월 (매4500HR)					
15	충전 GENERATOR	DC29V 35A					
16	GENERATOR COIL 절연(저압시)	500V MEGEER 3MΩ 이상					
17	BEARING	표면온도 40℃이하					
18	COOLANT FAN	팬 CRACK 검사					
19	ALT' / W/P PUMP BELT	육안검사 12대월 (매 1000HR)					
20	FAN BELT	〃					
21	BELT 장력 조정기	〃					
22	FAN 허브	〃					
23	DAMPER	〃					
24	RADIATOR HOSE	외부 CRACK 검사 3년 (매 1000HR)					
25	HEATER HOSE	〃					
26	CLAMP류	조임장치 불량시					
27	OIL TEMP METER	계기오차 1.0%					
28	OIL TEMP SENSER	〃					
29	OIL METER SENSER	〃					
30	OIL PRESSURE ON						
31	OIL PRESSURE S/W	12psi 이내 동작					
32	WATER TEMP METER	계기오차 1.0%					
33	WATER TEMP SENSER	〃					
34	WATER TEMPERATURE S/W	섭씨 105℃					
35	SPEED HANDLE	피치 및 조임상태					
36	OVER SPEED S/W	1800rpm 120%(2160rpm)					
37	E.X DIODE	10Ω 이상					
38	GOVERNOR UNIT	주파수변동률 ± 2.5%					
39	PCB MAIN BOARD	기판 손상, PIN 불량					
40	MAGNETIC PIC-KUP	검출전압 AC 1.5V					
41	ACTUATOR / SOLENOID	7.6Ω초과시					
42	PT PUMP / INJECTION	12개월 (1500HR)					
43	INJECTOR / NOZZLE	〃					
44	VALVE	〃					
45	TURBO CHARGER	샤후드 유격과다시					
46	WATER PUMP	배출구 누수시					
47	THERMOSTAT	82℃ OPEN					
48	HEAD BOLT	24개월 (4500HR)					
49	HEAD GASKET	파열 또는 오일유출시					
50	CYLINDER HEAD	24개월 (4500HR)					
51	CRANK SEAL(전,후)	파열 또는 오일유출시					
52	POWER CABLE	단선, 단락					
53	CONTROL TIMER	설정 TIME내 동작					
54	CONTROL RELAY	정격 전압 동작					
55	CONTROL WIRE	단선, 단락					
56	보호장치(SAFTY DEVICE)						
57	AVR	± 2.5% 이내					
58	OVR	시험 성적서 참조					
59	UVR	〃					
60	OCR	〃					
61	ACB	〃					
62	VCB	〃					
63	GOCR / GOVR	〃					
64	NFB S/W	TRIP & ON, OFF					
65	POWER RELAY	정격 전압 동작					
66	V METER	1.5%					
67	AM-METER	1.5%					
68	KW METER	1.5%					
69	HZ METER	1.0%					
70	RPM METER	〃					
71	HOUR METER	사용시간 지시불가					
72	열교환기	균열 & 기포 발생					
73	ENGINE O/H	브로우바이 가스유출시					
74							
75							

디젤엔진 발전기

라. 연료 소모량 계산식

연료 소모량 계산식(F.O Consumption)

* 사용전력량(KW)을 엔진마력(PS) 환산

$$PS = \frac{KW}{\# \times PS} = \quad [PS]$$

\# : 발전기 효율
PS : 엔진마력단위
KW : 실사용 전력량

* 환산된 소요마력을 시간당 연료율로 환산

$$L = PS \times L/PS.Hr = \quad [L]$$

L : 량의 단위
L/PS.HR : 1마력(PS)이 1시간(Hr) 가동시 연료소모율
실예) 00지역 발전기 연료소모율은 : 0.1701 [L]

〈 NOTE 〉
1. 소요마력 적용 : 전기는 HP(746W), 엔진은 PS(736W)
　　　　　　　　효율은 0.9%를 적용한다.

디젤엔진 발전기

고장사례-엔진오일 오염

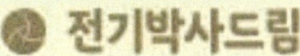

7장. 고장사례

1. 엔진오일 오염

　　내연기관에서 가장 큰 사고는 <u>오일과 물</u> 사고다.

　　오일이 부족하여 오일압력 저하(63Q)가 발생하면 비상정지(Emergency Shut-down) 또는 운전이 불가능하지만 장기간 교체하지 않아 오염이 심각하여 점도가 산화되면 기계적 마찰손실이 가중되어 각 종 저널(윤활)부에 스크랫치(Scratch)가 발생되고, 심하면 커넥팅 로드(Connecting Rod)와 크랭크 샤프트 메탈베어링(Crank Shaft Metal Bearing)등이 소착되는 사고로 발전될 수 있다.

　△ **Note :** 내연기관 오일압력이 12psi 이하가 되면 비상정지 또는 운전이 불가능하므로 반듯이 원인을 제거한 후 운전하여야 한다.

디젤엔진 발전기

1.1 오일순환 계통도(A)

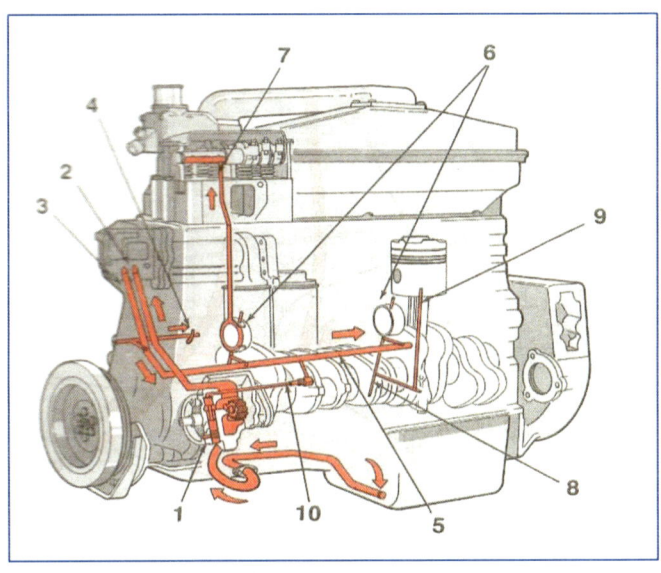

1. Oil Pump
2. To Lubricating Oil Cooler
3. From Lubricating Oil Cooler
4. Piston Cooling Nozzle
5. Main Oil Rifle
6. Can Bushings
7. To Overhead
8. Main Bearing
9. Connecting Rod Drilling
10. Rifle Pressure Signal Line

디젤엔진 발전기

고장사례-오일순환 계통도(B)

1. 2 오일순환 계통도(B)

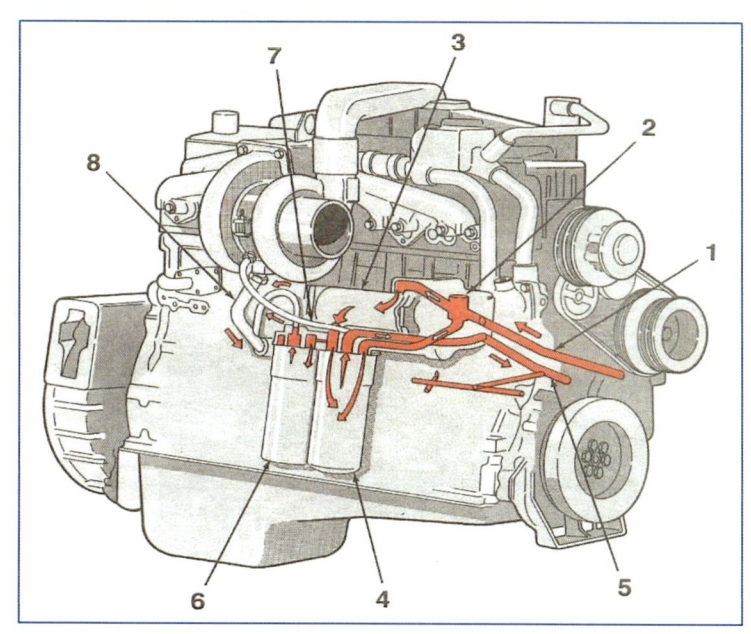

1. From Oil Pump
2. Oil Cooler Bypass Valve
3. Oil Cooler
4. Full Flow Oil Filter
5. To Main Rifle
6. Bypass Oil Filter
7. Turbocharger Supply
8. Turbocharger Drain

고장사례-오일에 의한 고장

디젤엔진 발전기

1.3 오일에 의한 고장

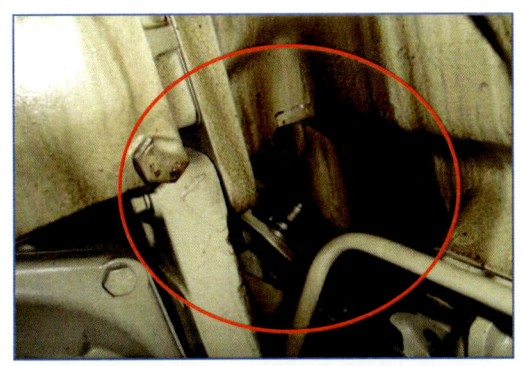

- 정상적인 오일순환이 이루어지지 않아 커넥팅 로드(Connecting Rod)가 소착되며 실린더 블록(Cylinder Block)이 파손되었다.

- 오일공급이 원활하지 않아 소착 된 커넥팅 로드 및 피스톤 핀(Piston Pin).

디젤엔진 발전기

연료(경유) 오염

2. 연료(경유) 오염

연료오염에는 3가지로 분류될 수 있는데,
- 운전 중 과열된 연료가 서비스 탱크로 회송된 후 냉각되면서 발생되는 결로.
- 서비스 탱크 Air Vant가 부식 또는 기포로 빗물이 관을 통해 유입되는 물.
- 주 또는 서비스 탱크 부식에 따른 오염.

연료순환 계통도

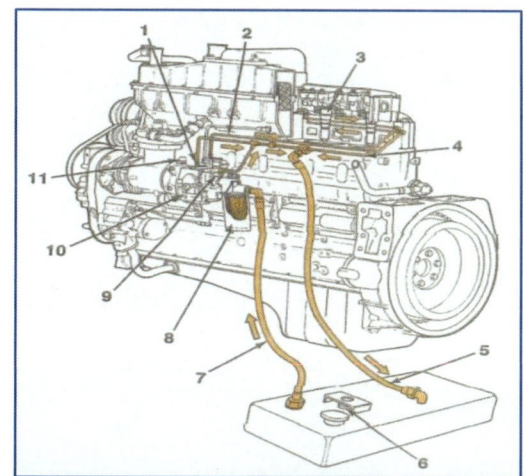

1. AFC Cavity Drain
2. Fuel Rail Pressure Line
3. Injector
4. Injector Fuel Drain Return
5. Fuel Return to Tank
6. Fuel Tank Breather
7. Fuel Inlet Supply
8. Fuel Filter
9. Gear Pump Coolant Drain
10. Fuel Pump
11. Tachometer Drive

디젤엔진 발전기

고장사례-연료 오염에 의한 고장

2. 1 연료 오염에 의한 고장

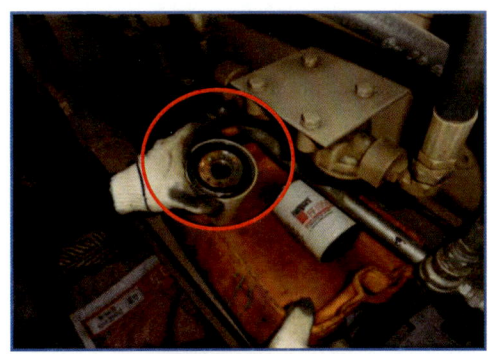

△ **Caution :** 내연기관에 미치는 영향
- 회전수 불규칙(Hunting).

- 부하운전 중 출력저하.

- 연료펌프 및 인젝터 부식에 따른 고착.

- 시동불능.

- 장기간 결로와 외부에서 유입된 침전수(빗물)로 오염된 주 탱크 내부.

△ **대책**
- 6개월 1회 서비스 탱크 드레인 배출.
- 정기적인 휠터 교체.
- 유수 분리기(Water Separator) 설치.

디젤엔진 발전기

- 연료 서비스 탱크의 Air Vant 및 주입구 배관을 통해 유입된 침전수로 오염된 연료.

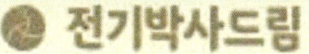

디젤엔진 발전기

- 벤죠볼트 스트레이너가 막혔을 경우

　부하 운전 중 출력 저하의 원인이 된다.

디젤엔진 발전기

고장사례-결로가 함유된 연료로 인한 고장

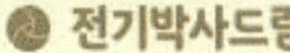

2. 2 결로가 함유된 연료로 인한 고장

- 결로가 함유된 연료를 장기간 사용하였을 경우 연소실의 폐기온도가 상승 피스톤(Piston) 및 밸브(Valve)등을 손상 시키는 사고로 발전.

- 결로(수분)에 의하여 장기간 누적된 스트레스가 연소실의 폐기온도를 상승시켜 열 팽창에 의하여 피스톤에 리스크(Risk)가 발생한 내연기관.

고장사례-결로에 인한 피스톤 열변형

디젤엔진 발전기

2. 3 결로(수분)에 의한 피스톤 열변형 현상

- 연소실 폐기 온도 상승에 따른 고열로 12기통 전체의 피스톤과 밸브
  (Piston & Valve)가 녹거나 열 변형이 발생되었다.
- 심각한 폐기 온도 상승에 따른 고열로 피스톤이 녹은 상태.

디젤엔진 발전기

- 피스톤 분해 전 연소실에 남아있는 경유와 혼합된 오염된 결로.
- 열 변형에 녹은 피스톤과 링에 의하여 실린더 라이너에 스크랫치(Scratch) 발생.

(연소실에 남아있는 오염된 연료)

(열변형된 피스톤에 의한 라이너 스크랫치)

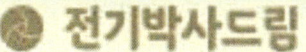

디젤엔진 발전기

- 연소실 폐기온도 상승으로 열변형이 발생된 밸브.

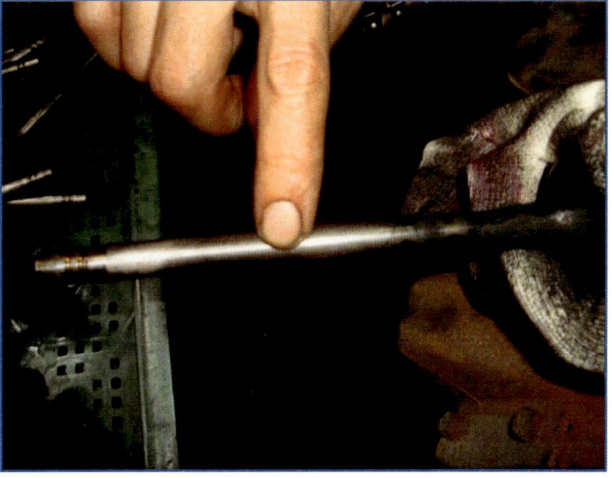

공기순환 계통 (AIR필터)

디젤엔진 발전기

3. 공기순환 계통(AIR휠터)

디젤엔진은 공기를 흡입하고 높은 압축비(15~22:1)로 압축하여 500℃이상이 되게 한 다음 연료를 분사시켜 자기 착화시키는 방식이므로 휠터가 오염으로 막히게 되면 매연이 심하고, 출력이 감소된다.

공기 순환(Intake) 계통도

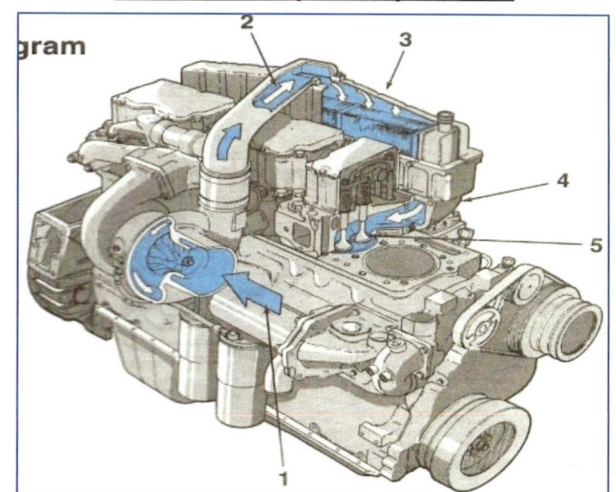

1. Intake Air Inlet to Turbocharger
2. Turbocharger Air Crossover
3. Aftecooler
4. Intake Manifold
5. Intake Valve Ports

디젤엔진 발전기

- Air Filter가 막혔을 경우 연소실에 혼합비가 낮은 상태에서 폭팔하게 되므로서 매연이 심하고 출력이 감소하게 된다.

공기순환 계통- 배기 시스템(Exhaust System)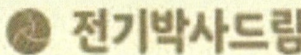

디젤엔진 발전기

4. 배기 시스템(Exhaust System)

터보챠져(Turbo Charger)는 배기가스(Exhaust Gas)의 배력으로 회전하여 흡입공기를 압축한 후 연소실로 유입시켜 출력을 높인다.
인터쿨러(Inter Cooler)는 압축공기의 온도를 낮추는 역할을 한다.

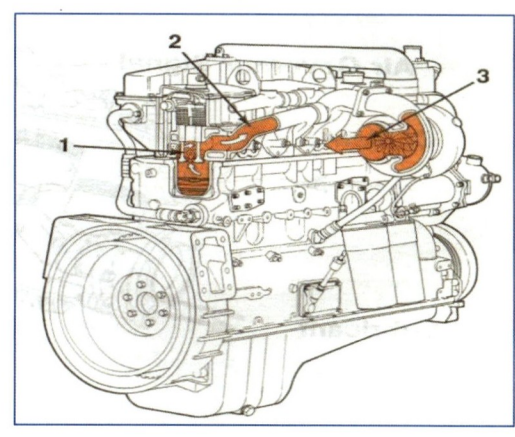
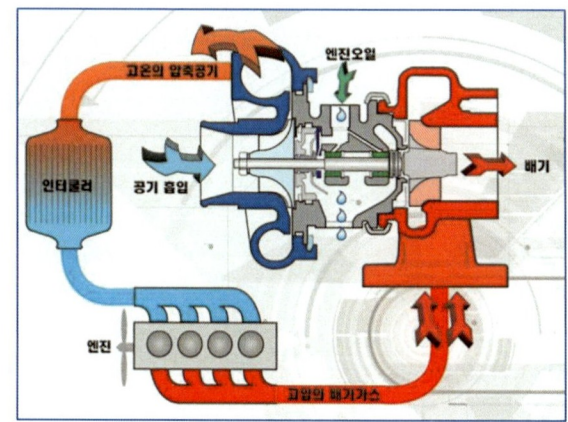

1. Exhaust Valve Ports
2. Exhaust Manifold
3. Turbocharger Exhaust Outlet

공기순환 계통-인터쿨러(Intercooler) 과열

디젤엔진 발전기

5. 인터쿨러(Intercooler) 과열

　엔진에서 출력을 높이기 위한 수단으로 과급기(Turbocharger)를 통해 공기를 압축시켜
뜨거워진 공기를 냉각시키기 위해 작은 라디에터(열교환기)를 설치하는데 이를 인터쿨러라 한다.
압축공기를 냉각시키는 이유는 압축공기의 온도가 높아지면 부피가 커져서 단위 부피당 산소
밀도가 낮아지는데 이 때 온도를 낮추게 되면 단위 부피당 산소 밀도가 높아지므로 엔진 출력이
향상되는 효과가 있다.
인터쿨러는 냉각방식에 따라 공냉식과 수냉식으로 나뉘어 지는데,
공냉식은 구조가 간단하고 냉각효율이 낮으며 보통 터보엔진에 적용한다.
수냉식은 라디에터 형식으로 구조가 복잡하나 냉각효율이 좋다.

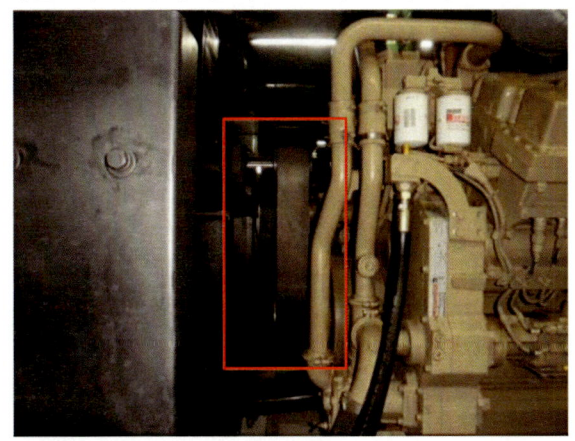

디젤엔진 발전기

냉각수 순환 계통도

6. 냉각수 순환 계통도

냉각수는 결빙과 부식을 방지하기 위하여 부동액을 빙점에 맞게 혼합하여
사용하여야 하며, 필요 시 부식 방지제(DCA)를 보충하여 주는 것도 효과적이다.
또한 물은 과열되면 부식성이다.
부동액의 비중이 떨어지거나, 장기간 교체하지 않아 오염이 발생될 경우
결빙과 각종 부식을 유발시켜 치명적인 사고로 발전될 수 있다.

냉각수 순환 계통도

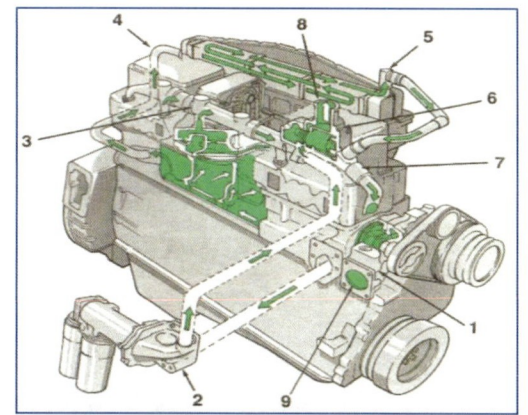

1. Water Pump
2. Oil Cooler
3. Water Manifold
4. Aftercooler Inlet
5. Aftercooler Outlet
6. Thermostat
7. Bypass
8. To Radiator
9. Water Pump Inlet

냉각수 오염에 의한 고장

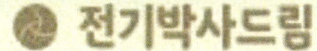

디젤엔진 발전기

6. 1 냉각수 오염에 의한 고장

가. 오일과 냉각수 혼합

- 장기간 냉각수를 교체하지 않은 상태로 운용하여 실린더 라이너, 오일쿨러 등의 부식을 유발시켜 엔진오일과 냉각수가 혼합(희석)된 상태.

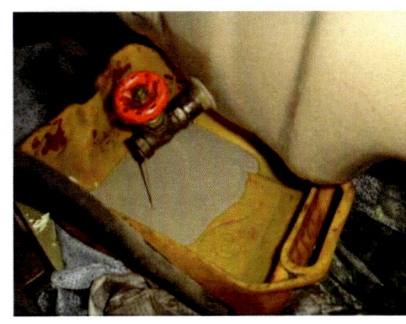

(오일과 냉각수가 희석)   (희석되지 않은 냉각수)

△ Note :
  물은 기름보다 비중이 무겁다.
  내연기관이 가동되지 않으면 물과 기름층이 희석되지 않은 상태를 유지한다.

디젤엔진 발전기

나. 부식된 실린더 KIT

- 엔진오일 팬으로 유입된 냉각수가 오일과 혼합(희석)된 후 오염되면서 각종 부식과 스러지를 유발시킨 상태.

디젤엔진 발전기

다. 부식된 실린더 라이너(Cylinder Line) & 오 링(O-Ring)

- 냉각수 유입에 따른 부식으로 실린더 라이너 (Cylinder Liner) 오 링(O-Ring) 조립 부분이 부식되며 냉각수가 오일 팬으로 유입된 상태.

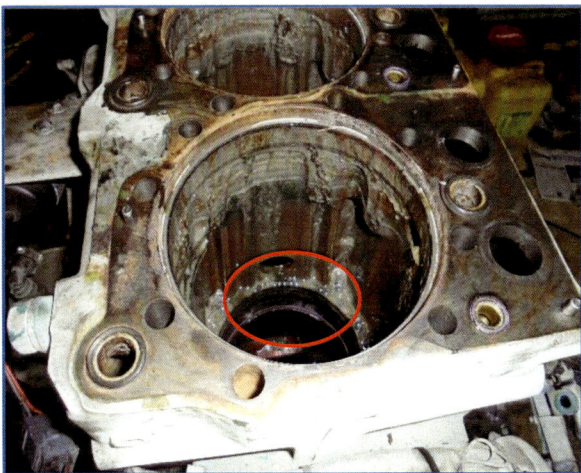

디젤엔진 발전기

라. 라디에터로 유입된 오일

- 부식에 의하여 오일쿨러에 기포가 발생, 엔진오일과 냉각수가 혼합(희석)되어 라디에터 상부로 올라왔다.
- 기름은 물보다 비중이 가볍기 때문에 위로 뜨게 된다.

(라디에터로 유입된 희석된 오일)

디젤엔진 발전기

냉각수 부족-내연기관 과열

7. 냉각수 부족
 7. 1 내연기관 과열

　　　냉각수가 부족하여 내연기관이 과열되는 것을 말하며, 피스톤 및 실린더
　　　라이너등의 저널부분이 열팽창에 의한 스크랫치(Scratch)가 발생될 수
　　　있으며 출력저하의 원인이 된다.

　　　냉각수는 섭씨 106°C이상 시 과온도 스위치(High Water Temperature S/W)가
　　　동작 ,고온(26WX)으로 비상정지(Emergency Shut down)되어 운전이 불가능
　　　하므로 반듯이 원인을 제거한 후 사용하여야 하다.
　△ **Warning**
　　　Temperrature s/w 전극부는 물 감지용.

디젤엔진 발전기

- 히터 또는 라디에터 호스 균열로 냉각수가 급속히 배출되었을 경우

모든 내연기관의 과온도 스위치 전극부는 물 감지용이므로
냉각수가 부족하게 되면 전극부 감지 온도가 1000℃ 되어도 정지되지 않으므로
운전 전 점검 사항을 반듯이 실시하여야 한다.
아래 사진은 운전 중 호스 균열로 냉각수가 급속히 배출된 후 과온도 스위치가
작동하지 못하고 과열(Over Heating)에 의한 소착으로 스스로 정지된 상태이다.

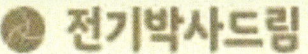

디젤엔진 발전기

- 히터호스 균열로 냉각수가 급속히 배출되었을 경우

부하 운전 중 발생한 히터 호스 균열로 냉각수가 급속히 배출되며 엔진이 Shut-Down 되었으며, 순간적인 과열로 피스톤이 팽창되어 라이너와 소착되었다.

디젤엔진 발전기

썸머스타터 기능

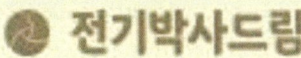

7. 2 썸머스타터(Thermerstat) 기능

썸머스타터는 자기 설정온도에 개폐를 시작해서 최대 부하에서 100%
열리게 되나, 효율(%)내에 사용하므로 약 90% 이상 개폐되는 것이다.
즉, 자기 설정온도에 열렸다 닫혔다를 하는게 아니라 설정온도 범위(82 ~ 93℃)
에서 열렸다 닫혔다 하는 것이다.

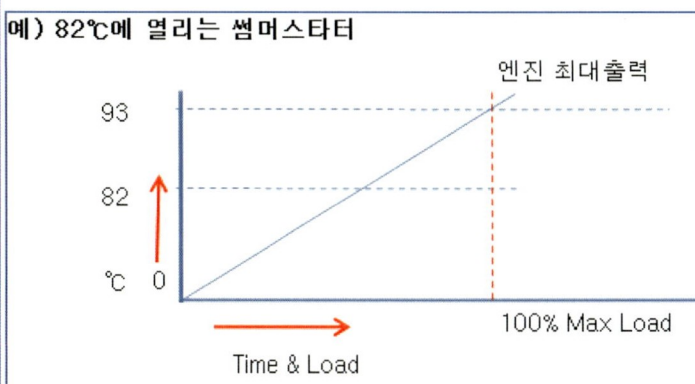

디젤엔진 발전기 — 냉각수 펌프 결함

7. 3 냉각수 펌프(Water Pump) 결함

비상용 발전기 최대 리스크(Risk)는 운휴시간이 길다는 것이다.
물은 과열되면 부식성이며, 장시간 고여 있으면 주위를 산화시킨다.
즉, 부식에 의한 결함이 많아지는데 특히 냉각수 펌프의 고장 빈도가 높아진다.

 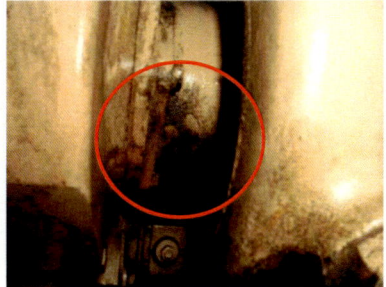 

모든 냉각수 펌프에는 <u>배출구가 있다.</u>
이 배출구는 씰 & 시트(Seal & Seat)가 파열될 경우 오일 팬(Oil Pan)으로 유입되는 냉각수를 외부로 배출시키기 위한 배출구이다.

디젤엔진 발전기

냉각수 펌프 결함시 나타나는 현상

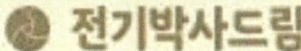

7. 4 냉각수 펌프 결함 시 나타나는 현상

- 엔진이 과열된다.
- 오일 팬(Oil Pan)으로 냉각수 유입.
- 씰 & 시트(Seal & Seat)가 파열되어 장시간 운전 시 냉각수 펌프 고착.

(벨트로 구동되는 냉각수 펌프 고착 시 현상)

디젤엔진 발전기

7.5 냉각수가 엔진에 미치는 영향

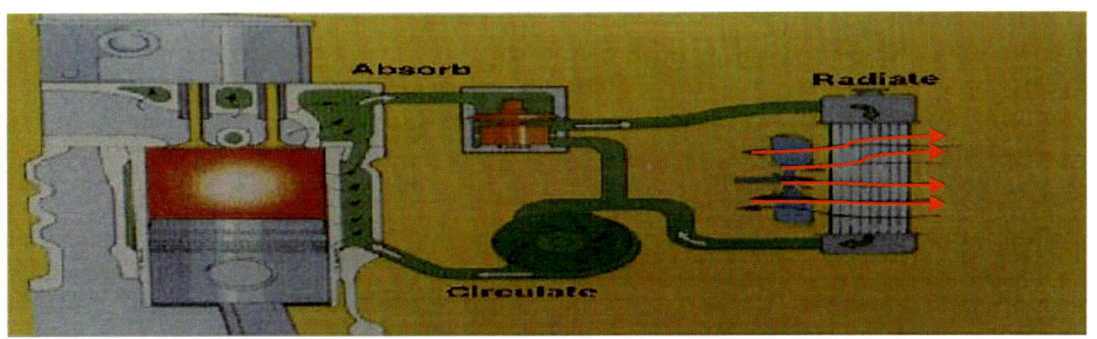

△ Caution : 엔진 고장원인 중 40%는 냉각수 때문이다.
- 엔진과열.
- 피스톤 링(Piston Ring) 마모.
- 피스톤 팽창으로 실린더 라이너(Cylinder Liner)와 소착.
- 엔진 화재.

휀 풀리(Fan Pulley) 홈 마모

디젤엔진 발전기

8. 휀 풀리(Fan Pulley) 홈 마모

 - 휀 풀리(Fan Pulley) 홈의 마모로 벨트(Fan Belt)와의 마찰력이 줄어들어
   회전력이 떨어지면 라디에터(Radiator) 냉각 효율이 현저히 저하되어
   무부하 또는 부하 운전 중 냉각수 고온(106℃)으로 비상정지 될 수 있다.

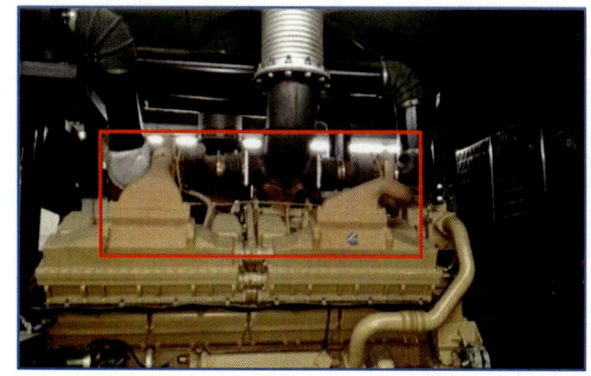

(과열에 의한 내연기관 페인트 변색)

(마모된 휀 벨트 풀리)

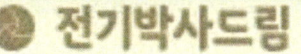

디젤엔진 발전기

- 아이들 풀리(Idler Pulley)가 고정형으로 늘어난 벨트 장력에 풀리가 과열되며 벨트가 그림과 같이 찢어지는 형태로 발전된다.

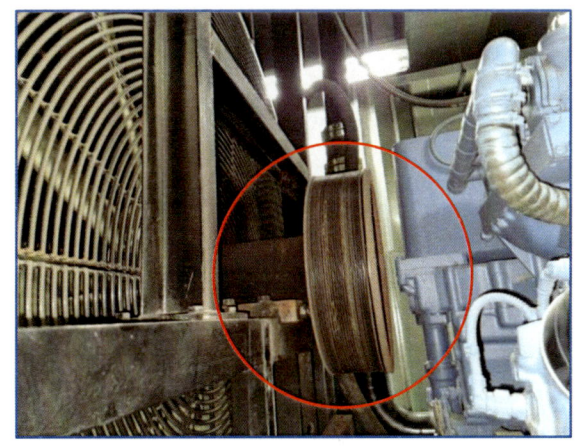

Note : 휀 벨트(Fan Belt) 장력은 0.15mm(0.006in) Max.

디젤엔진 발전기

발전부 추력상실에 의한 엔진소착

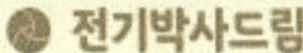

9. 발전부 추력 상실에 의한 엔진 소착

- 엔진이 운동하는 방향으로 미는 힘이 발전부에 의해 상실된 경우 엔진은 크랭크 샤후드의 End Clearance가 소멸되어 스러스트 베어링(thrust bearing)이 소착되는 사고로 발전하게 된다.

디젤엔진 발전기

- End Clearance란 무엇인가.?
   엔진이 작동할 때 움직이는 방향으로 미는 힘.

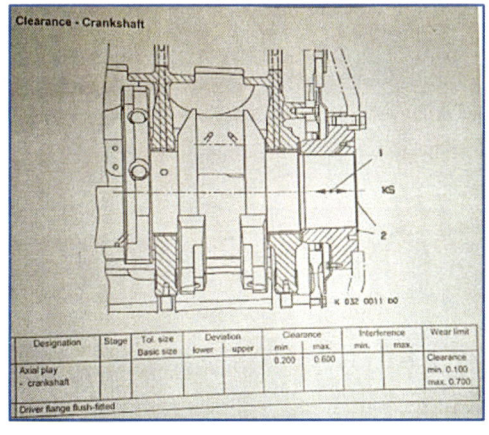

- 발전기 엔드플레이(END PLAY)
   300KVA 이하 : 4mm
   300KVA 초과 : 5mm
- 플렉시블의 엔드플레이(END PLAY)는 발전기 단독의 엔드플레이 보다 1mm이상 작게 하는 것이 베어링 손상 방지에 바람직하다.

디젤엔진 발전기

엔진속도(Speed) 불규칙(Hunting)

10. 엔진 속도(Speed) 불규칙(Hunting)

 - 엑츄레터(Actuator)에 리스크(Risk)가 발생하여 엔진 속도가 불규칙하다.

시동 전동기 과열

디젤엔진 발전기

11. 시동 전동기 과열

- 로컬판넬(Local Panel)제어용 콘넥터 12번(-)이 단락된 상태에서
  발전기가 자동으로 장시간 저속으로 운전.
- 저속운전으로 과속도 검출부(Spee Detactor)가 정상작동되지 않았다.

디젤엔진 발전기

도서 및 고지 중계소 낙뢰 사고

12. 도서 및 고지 중계소 낙뢰 사고

- 낙뢰 사고가 많은 도서 및 고지 중계소에서 운용하는 발전기 운전반은 아나로그(릴레이) 방식을 권장하며, 3종 접지는 Open하는 것이 바람직하다.

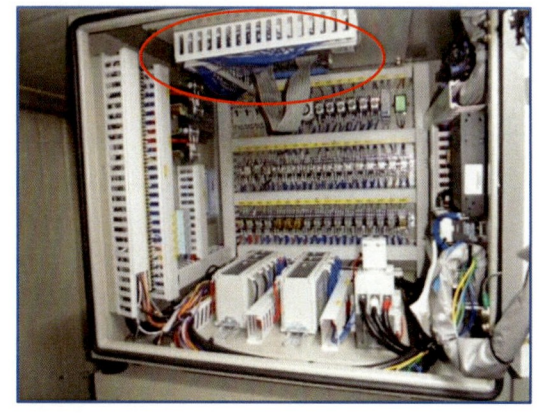

(지속적인 낙뢰사고로 재사용 불가)

(릴레이 방식으로 교체 후 사용)

여자기(EXCITER) 다이오드 소손

디젤엔진 발전기

13. 여자기(EXCITER) 다이오드 소손
 - AVR 오결선에 따른 과전압 발생으로 여자기(EXCITER) 다이오드 소손.

디젤엔진 발전기

부스덕트 탈착에 의한 전기적 쇼트(Short)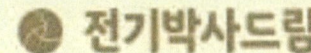

14. 부스 덕트 탈착에 의한 전기적 쇼트(Short)

- 발전기 진동에 의해 지지용 절연애자 볼트 이완.

냉각수 예열히터 과열

디젤엔진 발전기

15. 냉각수 예열히터 과열

- 냉각수 히터의 온도 조절기 고장으로 설정 온도에서 OFF되지 못하고 지속적으로 직동되면서 냉각수가 과열로 증발.

- 부족한 냉각수가 히터의 과열을 더욱 가중시킨 상태.

시동용 축전지 관리

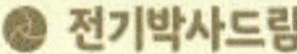

디젤엔진 발전기

16. 시동용 축전지 관리

△ **Warning** 산업용 RP형 축전지의 전해액은 묽은 황산이므로 폭발의 위험성이 있다.

- 부동충전 전압이 쎌(Cell)당 13.2 ~ 13.4V(25℃ 기준으로 -3㎷/℃/Cell의 전압보정 실시)을 초과하지 말아야 한다.
- 주위 온도가 높으면 성능이나 수명이 저하되거나 파손 또는 변형의 원인이 될 수 있으므로 충전 전압을 낮추어야 한다.
- 충전기는 수하특성이 있는 정전압 정전류형 제품을 사용하여야 한다.
- 충전 중인 축전지 앞에서 화기를 사용하여서는 안된다.
- RP형 축전지는 전해액이 무 누액이 아니므로 내용 년 수 초과 시 폭발의 위험성이 있으므로 2 ~ 3년에 1회 이상 교체 하여야 한다.

디젤엔진 발전기

시동스위치 작동시 시동전동기가 수회 작동된다

17. 시동 스위치 작동 시 시동전동기가 수회 작동된다.

- 축전지 A, B조 절환용 DTS에 접속하기 위해 접속면을 무리하게 가공하여 접속한다.

디젤엔진 발전기

발전실 환경

18. 발전실 환경

급, 배기량의 저항으로 발전실의 공기 순환이 원활하지 않을 경우
필요 이상으로 내연기관이 과열되며,
심하면 출력이 저하되고 냉각수 고온으로 비상정지가 될 수 있다.

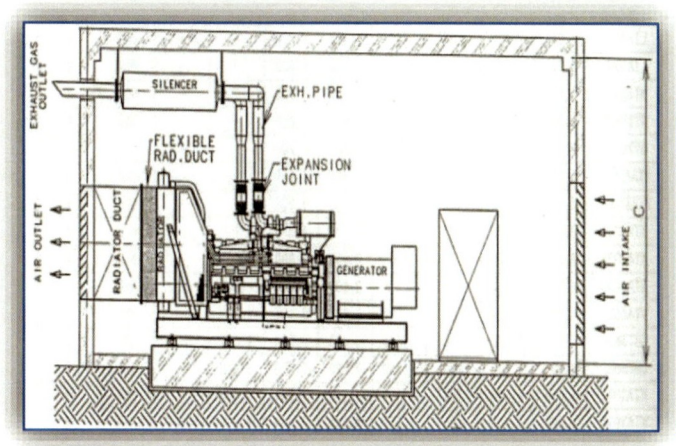
(발전기 표준 설치도)

(급, 배기 설치 리스크(Risk))

△ **Caution :** 배기관의 저항(Back pressure)도 과열의 원인이 된다.

디젤엔진 발전기

종합적인 고장원인 및 조치
-내연기관 및 전기장치

DC전원이 공급되지 않을때
8장. 종합적인 고장원인 & 조치

1. 1 내연기관 및 전기장치

TROUBLESHOOTING THE ENGINE

고 장 내 용	원 인
1) DC 전원이 공급되지 않음.	- 시동용 축전지 방전. - 케이블 접촉불량 or DC 제어선 단락. - 서킷 브래커(Circuit Breaker) 트립(Trip)

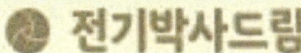

디젤엔진 발전기

고 장 내 용	원 인
	- 복귀(Reset) 스위치 접점불량. - 자동 / 수동 선택 스위치 접점불량.

디젤엔진 발전기

시동릴레이 작동되나 시동전동기가 작동되지 않을때

고 장 내 용	원 인

2) 시동 릴레이(88X)는 작동되나
   시동 전동기가 작동되지 않을 때.

- 시동 전동기 보조 마그네트(Aux Magnetic s/w)불량.

- 시동 전동기 불량.

- 축전지 충전상태 불량.

- 시동 스위치 접점 불량 및 단선.

- 시동 릴레이(88X) 접점불량.

디젤엔진 발전기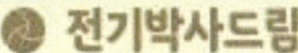

시동릴레이가 작동되지 않을 경우

고 장 내 용	원 인

3) 시동 릴레이(88X)가 작동되지 않을 경우.

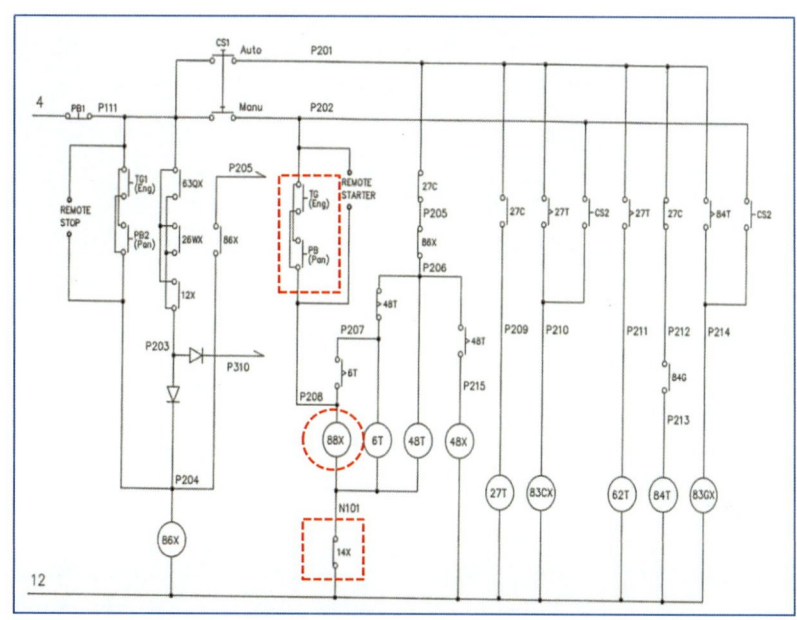

- 저속도(14X)릴레이 결함.

- 시동 릴레이(88X) 결함.

- 시동 스위치 결함.

디젤엔진 발전기

고 장 내 용	원 인

- 과속도 검출부(Over Speed Detector) 저속도(14X) 릴레이 접점 불량.

(과속도 검출부)

디젤엔진 발전기

시동 전동기 과열

고 장 내 용	원 인
4) 시동 전동기 과열.	- 시동 전동기 or 마그네트 결함. - 시동 보조 마그네트 (Aux Magnetic s/w) 결함. - 자동 시동회로 결함. - 과속도 스위치(Over Speed) 결함. - 제어회로 마이너스(-)가 단선.

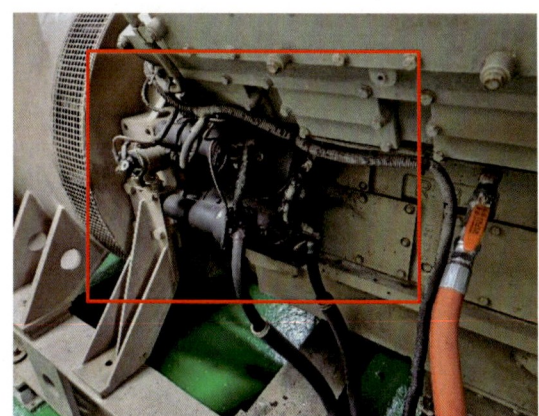

디젤엔진 발전기

운전중 축전지 전압이 높다
운휴중 축전지 전압이 높다

고 장 내 용	원 인
5) 운전 중 축전지 전압이 높다.	- 충전 제네레터(Generator)에 결함이 있다. 
6) 운휴 중 축전지 전압이 높다.	- 충전기에 결함이 있다. 

디젤엔진 발전기

시동전동기는 작동되나 기동(폭발)이 안 될때

고 장 내 용	원 인
7) 시동 전동기는 작동되나 기동(폭발)이 안 될 때. **Spec :** 연료압력은 최소 20kPa(3psi) 이상이어야 한다.	- 연료 압력이 낮고, 질이 나쁘다. - 축전지 충전 상태가 불량하여 기동 시 전압강하가 심하여 엔진 회전력이 낮다. - 연료 솔레노이드 전원차단 & 불량. - 엑츄레터 or 콘트롤 유니트 불량. - 인젝터 등 연료계통 이상.

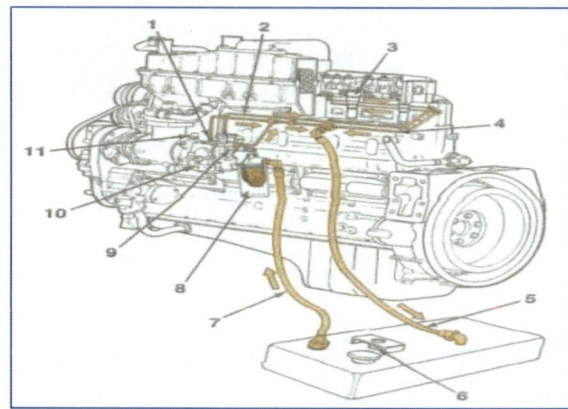

디젤엔진 발전기

엔진은 기동되나 속도(Speed Up)가 상승하지 못 할때

고 장 내 용	원 인
8) 엔진은 기동되나 속도(Speed up)가 상승하지 못 할 때.	- 콘트롤 유니트(Control Unit) 불량. - 저속(Idle)/고속(Run) 스위치 접점 불량. - 엑튜레터(Actuator) 불량. - 연료휠터(Fuel Filter)가 막혔다.

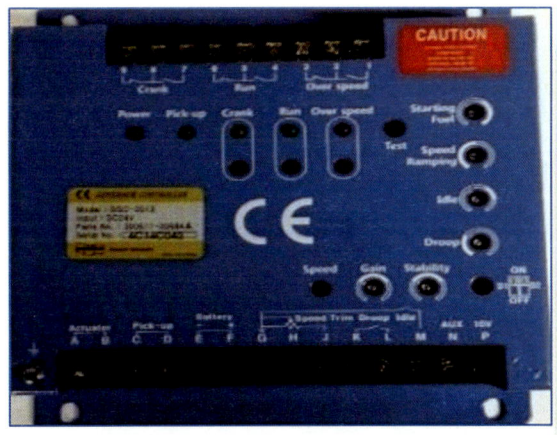
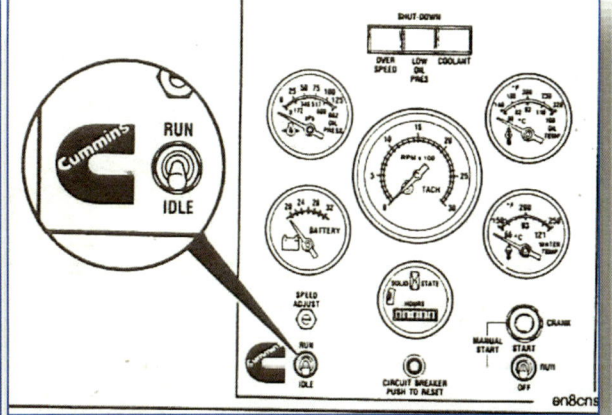

디젤엔진 발전기

정상 운전 직후 곧바로 정지될때

고 장 내 용	원 인
9) 정상 운전 직 후 곧 바로 정지(Shut Down) 될 때. △ Note : 정상적으로 과온도가 발생될 경우는 과온도(26WX) 회로가 작동되어 비상정지와 비상램프가 점등되나, 접점이 불량할 경우에는 과온도 회로가 작동되지 않고 정지만 된다. 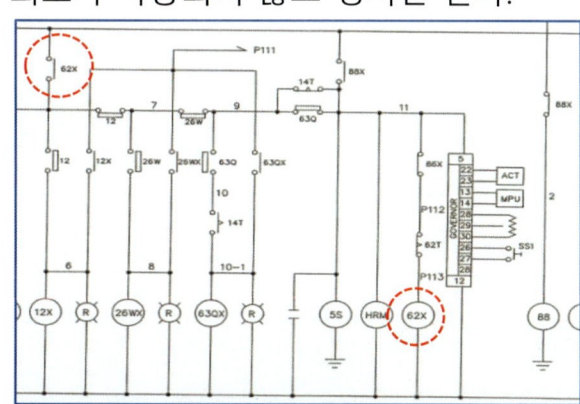	- 연료공급 밸브 차단. - 연료 휠터 or 회송관이 막혔다. - 비상작동으로 연료 솔레노이드 전원이 차단 되었다. - 과온도(High Water Temp) 스위치 결함. - 자기유지 회로(62X) 불량.  

디젤엔진 발전기

엔진이 헌팅(Hunting) 할때

고 장 내 용	원　　인
10) 엔진이 헌팅(Hunting) 할 때.  **Spec** 　Actuator 저항값 : 6.8 ~ 7.6Ω 　　선압 　: 24V DC	- 연료에 공기(Air) or 수분이 유입되었다. - 연료 휠터가 막혔다. - 엑츄레터(Actuator) or 콘트롤 유니트 (Control Unit) 불량. - 마그네트 픽업(PickUp)의 쉴드선(Shield Wire)이 단락 되었다. 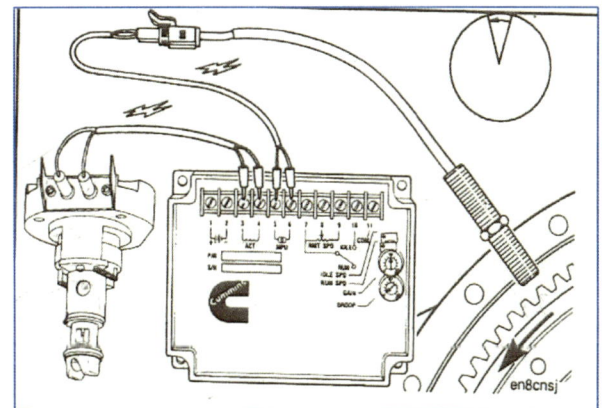

디젤엔진 발전기

엔진 출력이 떨어진다.

고 장 내 용	원 인
11) 출력이 떨어진다. **Spec :** 전 부하속도에서 연료 압력은 최소한 140kpa(20psi)이상 이어야 한다.  	- 연료 질이 나쁘다. - 연료 압력이 낮다. - 공기 혼합비가 맞지 않는다. - 연료 분사시기가 맞지 않는다. - 터보챠져(Turbocharger)에 카본 퇴적물이 많다. - 과 부하(Over Load) 상태. - 발전실 환기가 부족하다.

디젤엔진 발전기

오일 압력(Oil Pressure)이 낮다

고 장 내 용	원 인
12) 오일 압력(Oil Pressure)이 낮다. **Spec :** 오일압력 스위치 동작 압력 　　　　12psi 이하.	- 오일이 부족(12 psi이하) 하다. - 오일 압력 센서가 불량하다. - 오일 휠터 or 쿨러(Cooler)가 막혔다. - 오일에 경유가 포함되어 있다. - 오일펌프 및 흡입 파이프에 결함이 있다. - 크랭크 축과 크랭크 축 베어링 사이 간극이 너무 많다.

디젤엔진 발전기

냉각수 온도(High Water Temp)가 너무 높다

고 장 내 용	원 인
13) 냉각수 온도(High Water Temp)가 너무 높다. **Spec :** 과온도 스위치 동작 : 섭씨 105℃ △ **Warning** Temperrature s/w 전극부는 물 감지용.	- 냉각수가 부족하다. - 썸머스타터(Thermostat) 작동 불량. - 과온도 센서(Water Temp Senser) 불량. - 냉각수 펌프(Water Pump) 작동 불량. - 압력 릴리프 밸브에 결함이 있다. - 발전실 환기가 부족하다. - 라디에이터 코어가 막혔다.

  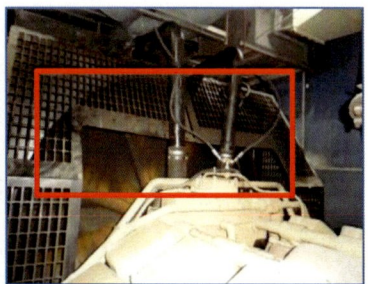

과속도 (Over Speed) 동작

디젤엔진 발전기

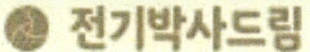

고 장 내 용	원 인
14) 과속도(Over Speed) 동작. **제작사양 :** 　정격 속도의 110%(1980rpm) 　정격 속도의 120%(2160rpm **Spec :** 　커민스 엔진은 115%(2070rpm)	- 과속도 스위치(Over Speed Detactor)불량. - 마그네트 픽업(Pick-Up) 검출 불량. - 연료 리턴이 저항을 받는다. - 접지 불량(저압 2, 3종이 같이 연결 됨). 

디젤엔진 발전기

엔진 정지가 안된다

고 장 내 용	원 인
15) 엔진 정지가 안 된다.	- 정지 스위치 접점 불량. - 연료 솔레노이드(Solenoid) 작동 불량. - 정지 솔레노이드(Solenoid) 작동 불량. - 정지 타이머(Timer) 작동 불량. - 연료 리턴 배관이 저항을 받는다.

디젤엔진 발전기

장비 가동시 소음 과다

고 장 내 용	원 인
16) 장비 가동 시 소음 과다.	- 반 부하측 베어링(Bearing) 마모. - 소음기 내부 탈착. - 벨트 장력기(Tension Mount) 불량. - 휀(Fan) 풀리(Fan Pulley)가 느슨하다. - 구동(Crank) 풀리(Pully)와 휀 풀리의 정열이 맞지 않다.

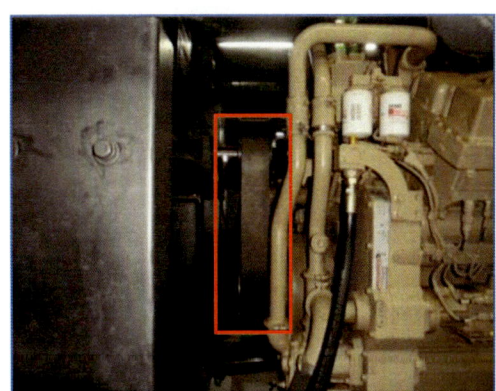

디젤엔진 발전기

휀(Fan) 벨트 및 풀리(Pully)에서 소음이 난다

고 장 내 용	원 인
17) 휀(Fan) 벨트 및 풀리(Pulley)에서 소음이 난다.	- 휀 벨트(Fan Belt)가 마모 되었다. - 휀 벨트와 풀리가 정열되지 않았다. - 벨트 장력기(Tension Mount) 결함. - 아이들 풀리(Idler Pulley) 결함.

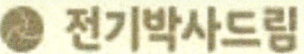

디젤엔진 발전기

고 장 내 용	원 인

- 아이들 풀리(Idle Pulley)의 형태.

(쇼바Type의 아이들 풀리)

(스터드 볼트 Type의 아이들 풀리)

디젤엔진 발전기

진동이 너무 심하다

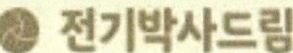

고 장 내 용	원 인
18) 진동이 너무 심하다.	- 진동 댐퍼 or 풀리가 느슨하다. - 기초대 or 방진 스프링에 결함이 있다. - 엔진 or 발전기 베이스 볼트 이완. - 피동 장치의 정열이 맞지 않았거나 균형이 맞지 않는다. - 회전자 커플링(Coupling) 볼트 이완 or 탈착. - 실화 or 회전이 고르지 못하다. - 반부하측 베어링이 마모되었다.

디젤엔진 발전기

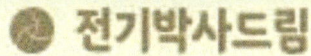

고 장 내 용	원 인
진동의 허용치	

극 수	편 진 폭 ㎛
2극	10
4극	12.5
6극	15
8극	17.5

Note : 이 값은 디젤엔진을 결합하지 않은 경우의 값이다.

디젤엔진 발전기

엔진에서 소음이 발생된다

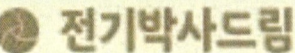

고 장 내 용	원 인
19) 엔진에서 소음이 발생된다.	- 커넥팅 로드 베어링이 파손 되었다. - 기어(Gear)가 손상 되었다. - 전장 부품이 탈착 되었거나 결함이 - 인젝터(Injector)가 고착되었다. - 원활한 저널(오일순환)이 되지않아 기계적 마찰 소음이 심하다.

디젤엔진 발전기

밸브계통에서 소음이 발생된다

고 장 내 용	원 인
20) 밸브 계통에서 소음이 발생된다.	- 밸브 스프링 or 록(Rock)이 파손 되었다. - 밸브 브릿지(Bridge)가 손상되었다. - 캠 샤후드(Cam Shaft)가 부러졌다. - 밸브 간극이 너무 많다. - 원활한 저널(오일순환)이 되지않는다.

디젤엔진 발전기

**밸브 간극이 너무 많다
밸브 간극이 적거나 없다**

고 장 내 용	원 인
21) 밸브 간극이 너무 많다. 　　 밸브 간극이 적거나 없다.	- 브릿지와 로커 암의 접촉면이 마모 되었다. - 밸브 스템(Stem)의 끝이 마모 되었다. - 푸쉬 로드(Push-Rod)가 마모 되었다. - 밸브 리프터(Valve Lifter) 파손 or 마모. - 캠 축의 캠이 마모 되었다. - 밸브 씨트 or 밸브면이 마모 되었다.

매연이 희거나 파란색이다

디젤엔진 발전기

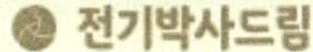

고 장 내 용	원 인
22) 매연이 희거나 파란색이다.	- 오일이 필요 이상으로 많다. - 오일이 연소실에서 연료와 혼합 폭발. - 피스톤 링 마모 or 라이너 스크랫치. - 밸브 가이드가 마모 되었다. - 터보챠져 오일 씰이 파손 되었다. - 연료 분사시기가 부정확하다.

디젤엔진 발전기

매연이 너무 검거나 회색이다

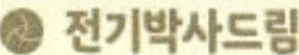

고 장 내 용	원　인
23) 매연이 너무 검거나 회색이다.	- 연소에 필요한 공기가 부족하다. 　(AIR 휠터 막힘) - 연료 분사시기가 부정확 하다. - 인젝터(Injector)가 나쁘다.

(동영상 파일)

디젤엔진 발전기

냉각수에 오일이 섞인다

고 장 내 용	원 인
24) 냉각수에 오일이 섞인다.	- 오일 쿨러(Oil Cooler)에 결함이 있다. - 실린더 헤드 가스켓이 파손되었다. - 실린더 헤드의 결함 or 균열이 있다. - 실린더 블록의 결함 or 균열이 있다.

(오일쿨러)

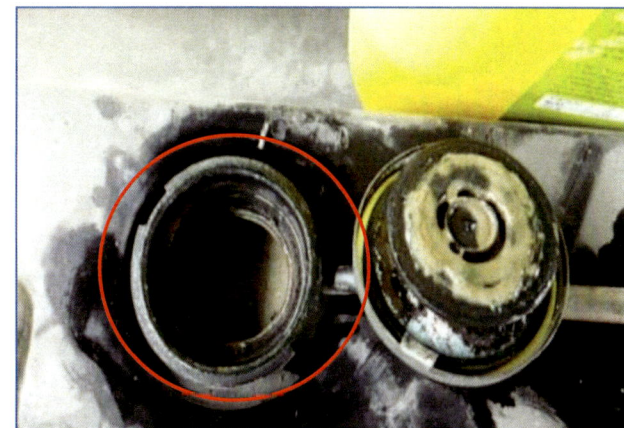

(라디에터)

디젤엔진 발전기

엔진오일에 냉각수가 섞인다

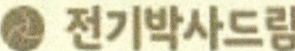

고 장 내 용	원 인
25) 엔진오일에 냉각수가 섞인다.	- 실린더 라이너에 균열이 있다. - 실린더 라이너 씰이 파손 되었다. - 실린더 헤드 가스켓이 파손 되었다. - 실린더 헤드의 결함 or 균열이 있다. - 실린더 블록의 결함 or 균열이 있다. - 냉각수 펌프에 결함이 있다.

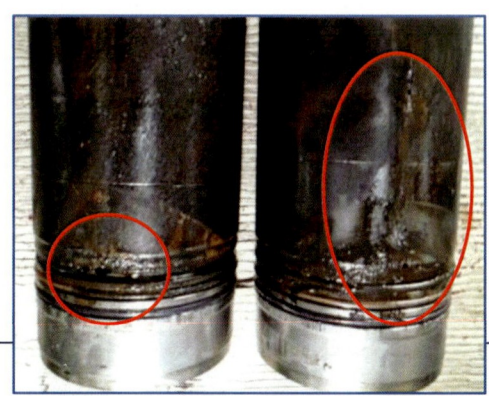

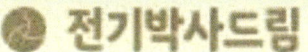

디젤엔진 발전기

오일이 증가한다

고 장 내 용	원 인
26) 오일이 증가한다.	- 인젝터 결함으로 연료가 유입된다. - 실린더 라이너 부식에 의한 기포 or 씰 경화로 파열 되어 냉각수가 유입된다.

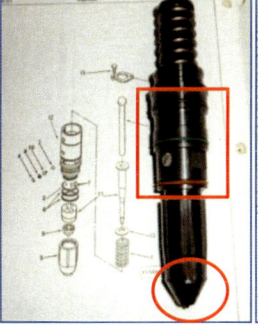

디젤엔진 발전기

냉각수가 준다

고 장 내 용	원 인
27) 냉각수가 준다.	- 라디에터 호스 균열로 누수되고 있다. - 냉각수 펌프 배출구로 누수되고 있다. - 오일 팬(Pan)으로 유입되고 있다. - 냉각수 히터 과열로 증발하고 있다. - 운전 중 엔진이 필요이상으로 과열되고 있다.

 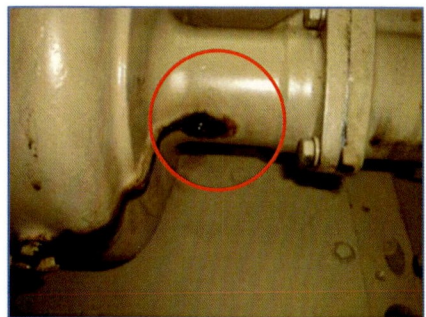 

디젤엔진 발전기

흡입계통에 오일이 있다

고 장 내 용	원 인
28) 흡입 계통에 오일이 있다.	- 터보챠져 씰이 파손 되었다.

디젤엔진 발전기

윤활유 소모량이 너무 많다

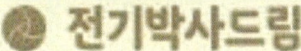

고 장 내 용	원 인
29) 윤활유 소모량이 너무 많다.	- 오일이 누유된다. - 오일 온도가 너무 높다. - 밸브 가이드가 마모 되었다. - 피스톤 링이 마모 되었다. - 크랭크와 메탈 베어링의 기계적 마찰 손실이 크다.

디젤엔진 발전기

엔진 하우징 & 댐퍼측에서 오일이 누유된다

고 장 내 용	원 인
30) 엔진 하우징 & 댐퍼 측에서 오일이 누유된다.	- 크랭크 샤후드 씰(Front & Rear)이 마모 되었다. - 하우징 어댑터 가스켓이 파열 되었다.

(Front Seal)

(Rear Sear)

디젤엔진 발전기

연료 소모가 많다

고 장 내 용	원 인
31) 연료 소모가 많다.	- Air 휠터가 막혔다. - 연료 분사 시기가 부정확 하다. - 인젝터 컵(Injector Cup)에 결함이 있다. - 연료 계통 누유.

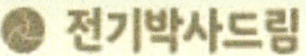

디젤엔진 발전기

배기 매니홀드 OR 터보로 압축된 연료가 누유될 때

고 장 내 용	원 인
32) 배기 매니홀드 or 터보로 압축된 연료가 누유 될 때. △ **Caution** Oil Slobbering 현상이란…? 지속적인 무 부하 운전으로 연소실 온도가 낮아 불완전 연소된 압축된 연료가 배기밸브를 통해 외부로 유출 되는 현상.	- 과도한 무 부하 운전. - 밸브 가이드(Guide) 스크랫치(Scratch). - 피스톤 링(Piston Ring) 고착 or 마모. - 실린더 라이너(Cylinder Liner) 스크랫치. - 냉각된 엔진을 급 가속할 경우.

디젤엔진 발전기

배기온도가 높고, 내연기관이 과열

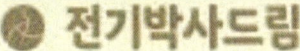

고 장 내 용	원 인
33) 배기온도가 높고, 내연기관이 과열	- 발전실 환기(급기량)가 부족하다. - 발전실 급, 배기구 구조적 문제. - 배기 계통에 누설이 있다. - 배기 계통에서 저항을 받는다. - 연료 분사 시기가 맞지 않다.

디젤엔진 발전기

엔진 저널부 마모가 빠르다

고 장 내 용	원 인
34) 엔진 저널부 마모가 빠르다.	- 오일이 오염되어 점도가 없다. - 공기 흡입 계통에서 누설이 있다. - 오일팬(Oil Pan)으로 연료가 유입된다.

디젤엔진 발전기

브리더 파이프로 브로워 바이 가스 과다 유출시

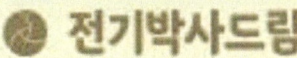

고 장 내 용	원 인
35) 브리더 파이프(Breather Pipe)로 브로워 바이 가스(Blow-by gas) 과다 유출 시. △ **Caution :** 피스톤 보초란 ..? 실린더 라이너(Cylinder Line)와 피스톤이 붙었다는 뜻이며, 이로 인하여 마찰에 의해 오일이 타는 것을 의미한다. 영어로는 스커핑(Scuffing)이라 한다.	- 피스톤 링(Piston Ring) 고착 or 파손. - 실린더 라이너(Cylinder Line) 스크랫치 (Scratch) 발생으로 저널된 오일이 연소실에서 연료와 혼합 폭팔되고 있다. - 피스톤이 보초(붙다) 났을 때. temp_1520575313523.mp4 temp_1535160764820.mp4

- 130 -

디젤엔진 발전기

발전부 및 운전반

1.2 발전부 및 운전반

TROUBLESHOOTING THE ELECTRIC

고 장 내 용	원 인
1) 전압생성 불능.	- PT & GPT 휴즈(Fuse) 융단. - 잔류전압 소멸. - AVR or VR 고장. - 여자기(EX) 다이오드 소손. - F.D코일 단선 or 전기자 코일 결함.

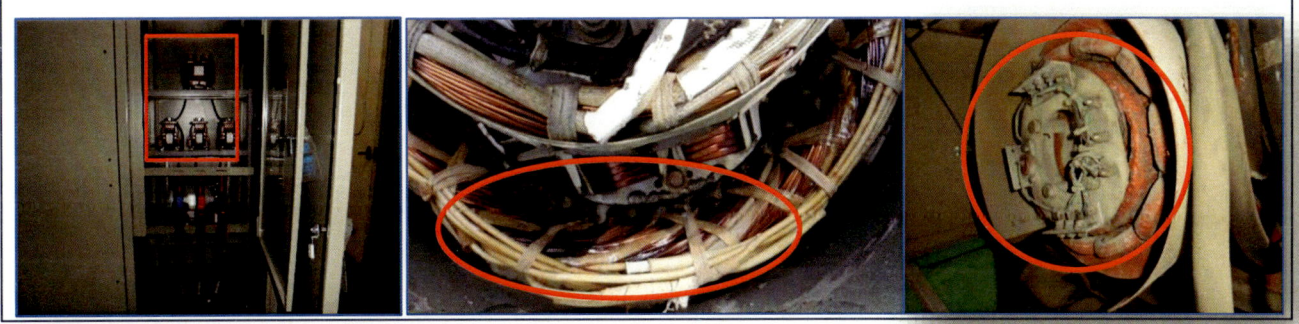

과전압 발생

디젤엔진 발전기

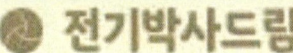

고 장 내 용	원 인
2) 과전압 발생. △ **Note :** 부하운전 중 출력전압이 상승(포화)하는 것은 진상 부하가 발전기 왜율보다 클 경우이다. 	- AVR 결함. - VR 결함. - 부하측에 진상 함유량이 많다. 

디젤엔진 발전기

과전압 발생이 여자기 정류회로에 미치는 영향

고 장 내 용	원　　인
3) 과전압 발생이 여자기 정류회로에 미치는 영향. 	- 운전 중 AVR 1,2 절환 스위치를 조작했을 경우 순간적인 과전압으로 여자기 정류 다이오드가 손상된다. - AVR 교체 중 AC 입력에 설정값 보다 높은 전압이 공급될 경우 여자기 정류 다이오드가 손상된다.

디젤엔진 발전기

저 전압 또는 전압발생 불능

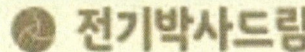

고 장 내 용	원 인
4) 저 전압 또는 전압 발생 불능.	- AVR 결함. - VR단선. - 휴즈(Fuse) 융단. - 계자회로 단선. - F.D 코일 단선.

(AVR 휴즈)

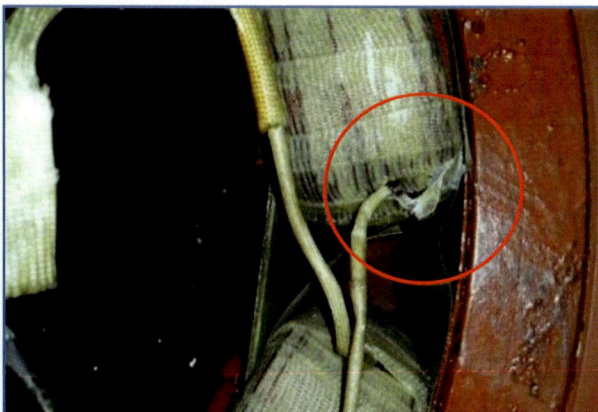

(단선된 F.D 코일)

디젤엔진 발전기

전압변동이 심하다

고 장 내 용	원 인
5) 전압변동이 심하다.	- AVR 결함. - 권선 or 단자 접촉상태 불량. - UPS or 정류기등 SCR 부하 사용. - 부하변동이 심하다. - 발전기 권선 과열.

디젤엔진 발전기

**조기 전압 확립이 늦고
부하투입시 전압강하가 심하다**

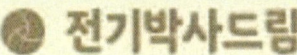

고 장 내 용	원 인
6) 초기 전압 확립이 늦고, 부하를 투입하면 전압 강하가 심하다.	- 전기자 코일의 층간 절연이 손상 되었다. - 계자 코일의 절연이 파괴 되었다. - AVR에 결함이 있다.

Spec : 전압 크기 별 권선과 대지간
절연내력(내전압) 시험.
⇒ 600V 이하 전기자 : 1760V로 1분간 견딜 것.
⇒ 3,300/6,600V 전기자 : 14,500V로 1분간 견딜 것.
⇒ 계자 : 1500V로 1분간 견딜 것.
⇒ 여자기 : 1000V로 1분간 견딜 것

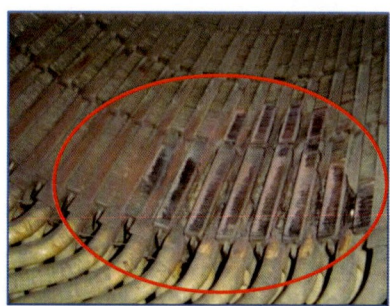  

디젤엔진 발전기

초기전압 확립이 늦다

고 장 내 용	원 인

7) 초기 전압 확립이 늦다.

- 교류 여자기(Exciter) 공극이 크다.

△ **Spec** : 평균공극 0.15(㎝).
　　　- 공극이 클 경우 : 초기전압 확립은 느리나 단락비가 커서 안정노가 높다.
　　　- 공극이 작을 경우 : 초기전압 확립은 빠르나 안정도가 낮다.

전압 헌팅(Hunting)

디젤엔진 발전기

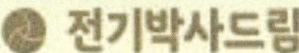

고 장 내 용	원 인
8) 전압 헌팅(Hunting)	- AVR 결함. - UPS or 정류기등의 SCR 부하로 인한 역 고조파 전류에 의한 장애. - 과도한 전자파(ECM & ESM)의 간섭. - 과도한 엔진헌팅(Hunting).

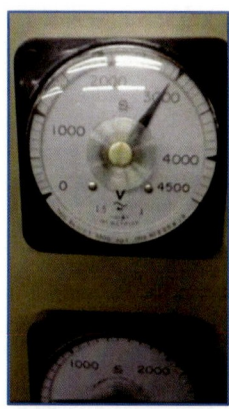 

디젤엔진 발전기

UPS & 정류기와 발전기 협조

고 장 내 용	원 인
9) UPS & 정류기와 발전기 협조. △ Note : SCR 제어의 부하 사용 시 전압의 헌팅 (Hunting)은 왜 발생되는가.?	- UPS는 상수(Pulse)에 따라 등가역상 고조파 전류가 각각 틀리므로 이에 따른 발전기 필요 용량 배수가 결정된다. - 고조파 전류에 EG의 출력전압의 일그러짐에 따라 EG 자체의 자동 정 전압 제어회로에 지장을 주기 때문이다. - EG에 고조파 전류가 유입되면 표유 부히손이 증가되는 동시에 회전자 표면의 와전류에 의한 자체 온도 상승이 문제가 된다.

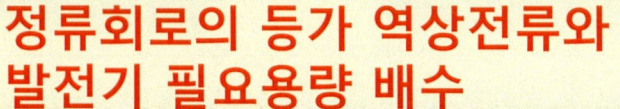
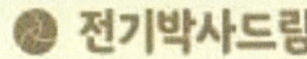

디젤엔진 발전기

고 장 내 용	원 인

10) 정류회로의 등가 역상전류와 발전기 필요용량 배수

정류회로 정류상수	IR: 정류회로부하의 등가역상전류 (단, 정류회로 입력KVA베이스)	IG: 발전기측의 허용등가역상전류 (단, 발전기 출력 KVA 베이스)		
		①수소냉각발전기 9%	②공냉식발전기 12%	③극디젤발전기 15~20%
		$N = \dfrac{IR}{IG}$: 정류회로 부하에 대한 최소 필요발전기 용량배수		
6	44%	4.89	3.66	2.94~
12	19.6%	2.17	1.63	1.3~1.0
18	13.4%	1.49	1.11	1.0
24	10.3%	1.14	1.0	1.0
30상이상	7.3% 이하	1.0	1.0	1.0

Note : 표는 사인파 전압원이면서 평형조건에서는 이론값이 0 이어야 한다.

정격전류에 대한 고조파 최대전류

디젤엔진 발전기

고 장 내 용	원 인

11) 정격전류에 대한 고조파 최대전류

정류상수	고 조 파 성 분 (%)							
	제5조파	제7조파	제11조파	제13조파	제17조파	제19조파	제23조파	제25조파
6	18.5	12	6	4.5	2	0.4	1	1
12	4.5	3	6	4.5	0.5	0.4	1	1
24	2.25	1.5	3	2.25	00.25	0.4	1	1

● 위 표는 1956년 영국 Chief Engineer's Conference에 의함.
Engineering Recommendation G5/1로 제출된 것이고, 실제로는 전류 임피던스 강하에 따라 겹친각이 있는 파형으로 되어 이 때문에 ($κ\,P±1$)차 이외의 차수인 고조파도 발생한다.
예를 들면 위표의 24상 정류장치에 있어서 이론적으로는 23이상의 조파분 밖에 발생되지 않지만 실제로는 5.7. --- 19차 조파로 0.2~0.3% 발생되고 있다.

디젤엔진 발전기

부하운전중 전압이 상승하며 가변(VR에 의한 조정)이 안 된다.

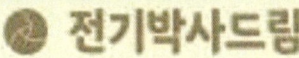

고 장 내 용	원 인
12) 부하 운전 중 전압이 상승하며 가변(VR에 의한 조정)이 안 된다.	- 진상 부하(진 역율)가 발전기 왜율보다 크다. - AVR 내부의 초기 여자 회로에 결함이 있다.

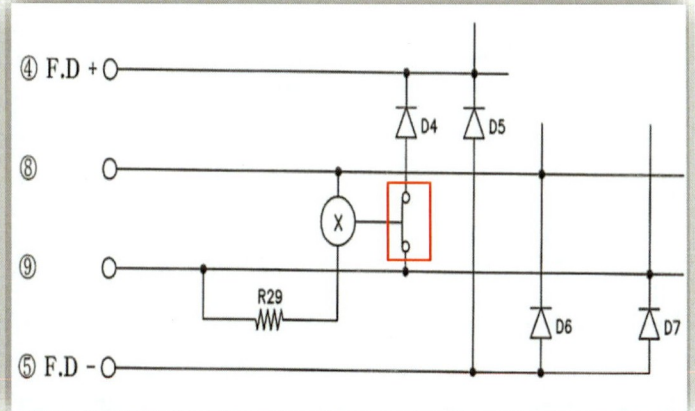

디젤엔진 발전기

주파수 변동이 심하다

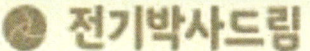

고 장 내 용	원 인
13) 주파수 변동이 심하다. 	- 엑츄레터 & 콘트롤 유니트 결함. - 연료 계통에 공기(Air) 유입. - UPS & 정류기 등의 SCR 부하로 인한 역 고조파 전류에 의한 장애. - 과도한 전압 헌팅(Hunting).  

부하변화에 대한 전압 응답속도가 느리다

디젤엔진 발전기

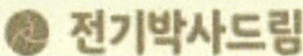

고 장 내 용	원 인
14) 부하 변화에 대한 전압 응답속도가 느리다.	- AVR 안정도(헌팅) 조정이 미흡하다. - AVR과 계자 저항값이 상이하다. - 과 부하(Over Load). - 엔진 응답속도가 느리다.

발전기 과열

디젤엔진 발전기

고 장 내 용	원 인
15) 발전기 과열.	- 과 부하(Over Load)(불 평형 부하 포함). - 진상 부하(진 역율)가 발전기 왜율보다 크다. - 반 부하 측 베어링(Bearing) 결함. - 발전실 환기부족.

디젤엔진 발전기

발전기 진동과 기계소음이 많다

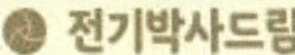

고 장 내 용	원 인
16) 발전기 진동과 기계소음이 많다.	- 반 부하측 베어링(Bearing) 결함. - 회전자(계자) 커풀링 보스 탈착. - 풀리 or 댐퍼 볼트가 이완되었을 때. - 방진 스프링에 결함이 있다.

9장. 계절별 및 일상점검

1. 동절기 예방정비

    - 부동액 비중과 오염상태를 점검하고 필요 시 보충 또는 교체한다.
    - 엔진오일의 오염 상태를 점검하고 필요 시 보충 또는 교체한다.
    - 각종 호스의 경화 상태를 점검하고 필요 시 교체한다.
    - 시동용 축전지를 점검하고 필요 시 교체한다.
    - 냉각수 예열히터의 작동 상태를 검사하고 필요 시 교체한다.

    △ Note : 냉각수히터 설치 목적 : 동절기 급 가속을 용이하기 위함.

디젤엔진 발전기

2. 하절기 예방정비

- 냉각수 수위를 점검하고 필요 시 보충한다.
- 라디에이터 코어 표면의 막힘 상태를 점검하고 필요 시 세척한다.
- 수냉식은 직수 펌프와 열 교환기 튜브 상태를 점검하고 필요 시 세척한다.

(스러지 및 분진에 막힌 라디에이터 코어)　　(스케일로 막힌 열교환기 튜브)

- 급, 배기 덕트의 정상적인 개방 상태를 점검한다.
- 휀 벨트(Fan Belt) 장력을 점검하고 필요 시 조정한다.

계절별 일상점검-일일.주간점검

디젤엔진 발전기

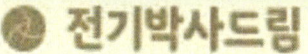

3. 일상점검

 가. 일일점검
    - 엔진오일 적정 수준.
    - 냉각수 적정 수준.
    - 연료 비축량.
    - 외부 손상 상태.
    - 누유, 누설 및 볼트 등 이음 상태.

 나. 주간점검
    - 일일점검 반복.
    - 에어크리너.
    - 시동용 축전지.
    - 비 정상적인 이음 및 진동.

디젤엔진 발전기

4. 회로도 기기명칭 및 기능명

4. 1 제작사 : 대흥기계공업㈜

회로도 기기 및 기능명

기기명	기능	기기명	기능	기기명	기능	기기명	기능	기기명	기능
5X	정지 보조	87X	비율차동 보조	A	직류전류계	RFWR	역전력	GL	에열 표시 램프
8X	재어전원개폐보조	CC	쐐로코일	W	직류전력계	SYR	동기검출	GP	에열 플러그
88X	시동 보조	TC	개로코일	SY	동기검정기	DFR	비율차동	OFH	오일 에히타
84G	발전 전압	UVC	부족전압 코일	N	회전속도계	THR	열동	WFH	냉각수 에열히타
27C	상전 전압	46X	역전력 보조	FLG	유 량 계	LFS	오일 여과기 이상 스위치	SH	Space 히타
83GX	발전 전환 보조	23	수온 감지 스위치	OPG	오일 압력계	FFS	연료 여과기 이상 스위치	AVR	자동 전압 조정기
83CX	상전 전환 보조	63Q	오일압력 스위치	OTG	오 일 온도계	AFS	공기 여과기 이상 스위치	SHT	전압 차단 코일
23X	수온 보조 보조	26W	냉각수 온도 스위치	WTG	냉각수 온도계	TG	토를 스위치	TG	속도 검출 발전기
86X	엔진이상 검출 보조	12	과속도 스위치	HRM	운전시간 기록계	PB	푸쉬 보조 스위치	PNG	영구 자석 발전기
30X	발전이상 보조	1S	마이크로 스위치	FLS	연료레벨 감지기	CS	캠스위치 선택 스위치	SG	동기 발전기
14X	저속도 보조	14	저속도 스위치	OPS	오일압력 감지기	AS	전류상 선택 스위치	EX	여 자 기
13X	동기속도 보조	33F	유량레벨 스위치	PTS	오일온도 감지기	VS	전압상 선택 스위치	MPU	마그네트 픽업
63QX	오일압력 보조	33W	수량레벨 스위치	WTS	냉각수 온도 감지기	KS	나이프 스위치	ACT	엑츄에이타
26WX	냉각수 온도 보조	4T	정지 지연 보조	AT	전류계 변환기	CB	회로 차단기	PW	병렬 모듈
12X	과전류 보조	5T	시동 차단 보조	VT	전압계 변환기	52	차 단 기	VR	전압 조정기
30AX	충전발전기이상 보조	6T	시동 지연 보조	WT	전력계 변환기	ACB	기중 차단기	FR	주파수 조정기
80X	직류부족전압 보조	48T	시동실패 감지 보조	RPT	무효전력계 변환기	VCB	진동 차단기	PTT	전압 시험단자
33FX	유량 보조	27T	상전정전 감지 보조	FT	주파수계 변환기	OCB	유입 차단기	CTT	전류 시험단자
33WX	수량 보조	62T	엔진정지 지연 보조	OCR	과전류 계전기	ABB	공기 차단기	OPM	속도 조정 전동기
5TX	과전류 보조	84T	발전전원확립감지보조	OCGR	접지 과전류	MCCB	배선용 차단기	PT	계기용 전압기
59X	과전압 보조	14T	저속도 지연 보조	OVR	과전압	ELB	누전 차단기	GPT	접지 변압기
27X	저전류 보조	V	교류전압계	OVGR	접지 과전압	GCB	가스 차단기	CT	변 류 기
47X	결상 보조	A	교류전류계	UVR	저전압	MC	전자 접속기	ZCT	영상 변류기
91OX	과전력 보조	F	주 파 수 계	OFR	과주파수	YDS	Y - △스타터	CLX	리 엑 터
91UX	저전력 보조	W	교류전력계	UFR	저주파수	SM	시동전동기	C	콘 덴 서
25X	동기 검출 보조	PF	역 률 계	POR	결상	88	시동전동기 마그네트	RF	정 류 기
62X	엔진이상 보조	VAR	무효전력계	SGR	선택정지	5S	정지 마그네트	R	저 항
48X	시동 실패 보조	WR	적산전력계	UFWR	저전력	ALT	충전 발전기	CLR	한류 저항기
64X	접지 보조	V	직류전압계	OFWR	과전력	REG	충전 조정기		

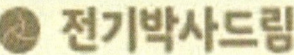

디젤엔진 발전기

4. 2 제작사 : 보국전기

회로도 기기 및 기능명 (보국)

기기명	기능	기기명	기능	기기명	기능	기기명	기능
27K	정전감지	63Q	오일압력	52TX	VCB차단	4T	정전시기동
27K1	정전감지 보조	63Q1	오일압력보조	52TX1	VCB차단보조	4T1	시동실패시 재기동
84G	발전전압감지	59X	과전압	81X	주파수이상	4T2	시동실패시 재기동
84G1	발전전압감지보조	59X1	과전압보조	33HX	연료고레벨	5T	정지
4X	시동	27X	저전압	33LX	연료저레벨	84T	발전전압확립
6X	시동보조	27X1	저전압보조	30CX	충전기이상	48T	시동실패
5X	시동	51X	과전류	48X	엔진시동실패	14T	저속
5X1	시동보조	51X1	과전류보조	30X	경고장	27T	한전복전
REX	회로복귀	64X	지락과전압	86X	중고장	27TA	한전복전시 엔진공회전
5EX	비상정지	64X1	지락과전압보조	86X1	중고장보조		
12X	과속도	47X	결상	86X2	중고장보조		
12X1	과속도보조	47X1	결상보조	74X	축전지저전압		
26W	냉각수과온도	52CX	VCB투입				
26W1	냉각수과온도보조	52CX1	VCB투입보조				

디젤엔진 발전기

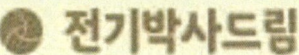

4. 3 제작사 : 한관산기

기기명	기능	기기명	기능	기기명	기능
27C	정전감시	48X	시동실패	27T	상전 복전
27TX	정전확인	59X	과전압	6T	시동
6X	엔진시동	27X	저전압	6TY	시동
88X	시동보조	51X	과전류	48T1	시동모터 기동시간
14X	저속도 감지	64X	접지과전압	48T2	시동모터 휴지시간
84X	발전전압 확립	47X	결상	48T3	시동실패 감시
97X	수동	28X	경보음 정지	14T	저속도 감지
5X	정지	15X	주파수 이상	84GT	발전전압 확립
5EX	비상정지	27BX	충전기 저전압	62CT	복전 확인
62C	상전 복전감시	30BX	충전기 이상	62GT	발전전압 확립
12X	과속도	69X	냉각수 부족	47T	결상
63X	윤활유 압력저하	33X	유면저하	62T1	복전 확인
26X	냉각수 고온	52CX	차단기 투입	62T2	복전 후 쿨링(공회전)
		52TX	차단기 차단